甘南珍稀树种

ཀན་ལྷོའི་ཕྱི་ཉེར་སྱུ་རྩ་ཆེས།

甘南藏族自治州林业和草原局　编

中国林业出版社
China Forestry Publishing House

图书在版编目（CIP）数据

甘南珍稀树种 / 甘南藏族自治州林业和草原局编 . -- 北京 : 中国林业出版社，
2023.11

ISBN 978-7-5219-2423-7

Ⅰ . ①甘… Ⅱ . ①甘… Ⅲ . ①珍贵树种—甘南藏族自治州 Ⅳ . ① S79

中国国家版本馆 CIP 数据核字（2023）第 222916 号

策划编辑：甄美子
责任编辑：甄美子
书籍设计：北京美光设计制版有限公司
出版咨询：（010）83143616

出版发行　中国林业出版社
　　　　　（100009，北京市西城区刘海胡同7号，电话 83143616）
电子邮箱：cfphzbs@163.com
网　　址：www.forestry.gov.cn/lycb.html
印　　刷：北京中科印刷有限公司
版　　次：2023年11月第1版
印　　次：2023年11月第1次印刷
开　　本：889mm×1194mm　1/16
印　　张：7
字　　数：227千字
定　　价：120.00元

《甘南珍稀树种》
编辑委员会名单

主　　任：丹正加

副 主 任：杨星罡　权宏林　王　蕾　彭新军　王宏林

主　　编：杨元旺

副 主 编：卓玛甲　年科斌　杨焕俊

编写人员（按姓氏笔画排序）：

马　强　　王永孝　　王宏林　　石文良　　宁姗姗　　加杨东知

年科斌　　刘建新　　严婷婷　　李　栋　　李　燕　　李贵月

杨　忍　　杨元旺　　杨焕俊　　何文娟　　张　强　　张雅欣

卓玛甲　　罗淑兰　　徐海平　　谢　蕾　　黎英俊　　魏慧芳

照片拍摄：王宏林　年科斌　杨元旺　杨焕俊　石文良

藏文翻译：加杨东知（甘南藏族自治州草原工作站高级畜牧师）

审　　稿：孙学刚（甘肃农业大学林学院教授）

刘晓娟（甘肃农业大学林学院副教授）

杨星罡（甘南藏族自治州林业和草原局副局长）

编写单位：甘南藏族自治州林木种苗管理站

协作单位：甘南藏族自治州林业技术综合服务中心

序

　　甘南藏族自治州（以下简称甘南）地处青藏高原东北边缘与黄土高原西部过渡地段和黄河、长江两大水系的分水岭地区，是国家重要的水源涵养补给区和生态安全屏障。特殊的地理环境和气候条件，孕育了甘南境内丰富多样的野生植物资源，其中不乏大果青杆、岷江柏木、紫果冷杉、连香树、水青树、红豆杉等国家重点保护的珍稀濒危树种，是名副其实的野生植物"大观园"。

　　珍稀树种是大自然的守护者，我们也是它们的守护者。习近平总书记指出："中国式现代化是人与自然和谐共生的现代化。"积极构建珍稀濒危野生动植物高质量保护体系，这是人与自然和谐共生的"中国答卷"。2018年习近平总书记到三峡视察时，对长江生态环境修复和珍稀植物保护工作给予充分肯定："你们的工作非常有意义，是造福子孙后代的事。"为了深入贯彻落实习近平生态文明思想，进一步加强野生植物保护和濒危树种拯救，全方位挖掘珍稀树种的生态与经济价值，动员全社会关注关爱野生植物，推动甘南绿色发展，建设美丽中国，甘南藏族自治州林业和草原局组织抽调州、县（市）林业技术人员，结合前期林木种质资源调查结果，对境内珍稀树种开展了全面细致的调查摸底工作，准确全面掌握了珍稀树种的种类、数量、分布、生长等情况，编写了《甘南珍稀树种》，书中共收录甘南境内珍稀保护树种30科51属83种。这些珍稀保护树种，孕育着极为丰富的种质基因，是甘南森林资源的宝贵财富和无法替代的植物遗传因子，更是林业生产力发展的基础性、战略性资源。

　　《甘南珍稀树种》的出版，不仅为甘南乃至全省全国珍稀树种保护、培育及利用增添了一块基石，而且汇集了甘南林草人的智慧、彰显了大自然的神奇、阐明了物种的稀有性，是甘南野生植物种质资源的缩影，内容涵盖了珍稀树种的分类、植物学特性、保护现状等，是展现甘南州珍稀濒危树种资源现状的一部全面、权威、细致、翔实的科考论著，可为今后甘南珍稀濒危树种保护繁育、种质资源研究利用、林业生产及教学工作等提供重要的参考依据。我们希望它受到广泛的重视，起到它应有的作用。

　　该书也是广大公众了解树种知识、培养科研兴趣、增强生态意识、宣传生态文明理念的一部重要科普作品，是甘南林业最具收藏价值和宣传价值的一张靓丽的生态"名片"，必将为我们加快推进青藏高原生态环境保护和可持续发展先行区建设发挥积极作用。

2023年9月

འགོ་བརྗོད།

གན་སྲོ་ཁུལ་ནི་མདོ་དབུས་མཐོ་སྒང་གི་ཤར་རྒྱུད་མཐའ་མཚམས་ཏེ་ས་མེར་མཐོ་སྒང་
གི་ནུབ་ཕྱོགས་སུ་བརྒྱལ་མཚམས་དང་། རྨ་འབྲིའི་རྒྱུ་རྒྱུན་གཉིས་ཀྱི་དབྲེ་མཚམས་སུ་གནས་
ཤིང་། རྒྱལ་ཁབ་ཀྱི་རྒྱ་ཡི་ཐོན་ཁུངས་གཙོ་བོ་དང་སྐྱེ་ཁམས་བདེ་འཇགས་ཀྱི་ཡོལ་བ་ལྟ་བུ་ཡིན་
དམིགས་བསལ་གྱི་ས་ཁམས་ཁོར་ཡུག་དང་ནམ་ཟླའི་ཆ་རྐྱེན་གྱིས་རང་སྒོང་ཁུལ་གྱི་ཁོངས་སུ་
ཕུན་སུམ་ཚོགས་ཤིང་སྒྲ་ཁ་མང་བའི་རི་སྐྱེས་ཚེ་ཤིང་གི་ཐོན་ཁུངས་ཆགས། དེ་དུ་ཐང་ཤིང་
འབྲས་བཟང་དང་། འབྲུག་རྒྱུའི་ཤུག་སྟོང་། ཟང་ཤིང་འབྲས་སྨུག ཤིང་སྡོང་འབྲས་དཀར།
སྡོང་པོ་ཕྲེང་ཁྲ། གསོམ་མེ་སྤྲེང་པོ་གས་རྒྱལ་ཁབ་ཀྱིས་གནད་དུ་སྲུང་སྐྱོང་བྱེད་པའི་ནགས་
ཞེན་ཆེ་བའི་ཤིང་སྣ་རྩ་ཆེན་མང་དུ་འདུས་ཤིང་། མིང་དོན་མཚུངས་པའི་རི་སྐྱེས་ཚེ་ཤིང་གི་
དགའ་ཚལ་ཆེན་མོར་སྒྱུང་།

ཤིང་སྣ་རྩ་ཆེན་གྱི་རིགས་ནི་རང་བྱུང་ཁམས་ཆེན་པོའི་སྲུང་སྐྱོབ་པ་ཡིན་ལ། ང་ཚོ་ནི་དེ་
དག་གི་སྲུང་སྐྱོབ་པ་འང་ཡིན། སྲི་ཁབ་ཅུའུ་ཙེ་ཞི་ཅིན་ཕིང་གིས་ཀྱུན་གོའི་ཡུགས་ཀྱི་དེང་རབས་
ཅན་ནི་འགྲོ་བ་མི་དང་རང་བྱུང་ཁམས་འཆམ་མ་ཐུན་མཉམ་གནས་ཀྱི་དེང་རབས་ཅན་ཡིན་ཞེས་
བསྣུན། རྒྱ་ཆེ་བའི་རི་སྐྱེས་སྤྲོག་ཆགས་དང་ཚེ་ཤིང་ནུམས་ཞེན་ཅན་གྱི་སྲུས་ཚད་མཐོ་བའི་སྲུང་
སྐྱོབ་ལ་ལག་བསྟུན་པར་འབད་པ་དང་། འདིའི་སྲོག་བཅུད་འཆམ་མ་ཐུན་མཉམ་གནས་ཀྱི་གུང་
བོའི་རྒྱགས་གཞི་ཞེས་པ་ཡིན། ༢༠༢༢ལོར་སྲི་ཁབ་ཅུའུ་ཙེ་ཞི་ཅིན་ཕིང་གིས་འབྲི་རྒྱུའི་འགག་
གསུམ་ལ་རྟོག་ཞིབ་གནང་སྐབས། འབྲི་རྒྱུའི་སྐྱེ་ཁམས་ཁོར་ཡུག་བཅོས་སྐྱོང་དང་ཤིང་སྣ་རྩ་
ཆེན་སྲུང་སྐྱོང་གི་བུ་བའི་ཐབ་ལ་གནང་འཇོག་མཛོན་པོ་གནང་སྟེ། ཁྱེད་ཚོའི་ལས་དོན་ལ་དོན་

སྙིང་ཤིན་ཏུ་ལྡན་ཤིང་། བུ་རབས་ཚ་རྒྱུད་ཀྱི་བསོད་ནམས་འཕེལ་བའི་བྱ་བཞག་ཅིག་རེད་ཅེས་བསྟན། ཞི་ཅིན་ཕིང་གི་སྐྱེ་ཁམས་དཔལ་ཡོན་གྱི་དགོངས་པ་ལག་ལེན་དོན་འཁྱོལ་ཡོང་སྟེ། སྔར་ལས་ལྷག་པར་རི་སྐྱེས་རྩི་ཤིང་སྲུང་སྐྱོང་དང་ཉམས་ཉེན་ཆེ་བའི་ཤིང་སྡུ་རྒྱུད་སྐྱོབ་བམ། ཁྱོན་ཡོངས་ནས་ཤིང་སྡུ་རྩ་ཆེན་གྱི་སྐྱེ་ཁམས་རིན་ཐང་དང་དཔལ་འབྱོར་རིན་ཐང་སྟོག་འདོན་བྱས་ནས་རི་སྐྱེས་རྩི་ཤིང་ལ་དོ་ཁུར་དང་གཅེས་སྐྱོང་བྱེད་པར་སྤྱི་ཚོགས་ཡོངས་སྐུལ་སློང་བྱས་པས་ཀན་ལྷོའི་ལྟུང་མདོག་གི་འཕེལ་རྒྱས་སྐུལ་ཅིང་མཛེས་སྡུག་ལྡན་པའི་ཀྲུང་གོ་བསྐྲུན་པའི་ཆེད་དུ། ཀན་ལྷོ་ཁུལ་ནགས་ལས་དང་རྩྭ་ཐང་ཅུས་ཀྱིས་ཁུལ་དང་རྫོང་དམ་གྲོང་ཁྱེར་གྱི་ནགས་ལས་ལག་རྩལ་བ་རྩ་འཛུགས་བྱས་ཏེ། དེ་སྔོན་གྱི་ཤིང་སྡུའི་ཐོན་ཁུངས་རྟོག་ཞིབ་དཔྱད་འབྲས་ལ་འབྲེལ་ནས། མངའ་ཁོངས་ཀྱི་ཤིང་སྡུ་རྩ་ཆེན་ལ་རྟོག་ཞིབ་རྒྱུས་ལོན་གྱི་བྱ་བ་ཞིབ་ཅིང་ཕྲ་ལ་འཐུས་ཚང་བགྱིས་པས། ཤིང་སྡུ་རྩ་ཆེན་གྱི་རིགས་དང་། གྲངས་ཚད། ཁྱབ་ཁོངས། སྐྱེ་ཚད་སོགས་ཀྱི་གནས་ཚུལ་ལ་རྒྱུས་ལོན་ཞིབ་ཅིང་ཕྲ་ལ་འཐུས་ཚང་ཞིག་བྱས་ཏེ། ཚན་རིག་དང་མཐུན་ལ་ཁ་གསལ་བའི་《ཀན་ལྷོའི་ཤིང་སྡུ་རྩ་ཆེན》ཞེས་པ་རྩོམ་སྒྲིག་བྱས། དེར་ཀན་ལྷོ་ཁུལ་ཁོངས་ཀྱི་སྲུང་སྐྱོང་ཤིང་སྡུ་རྩ་ཆེན་སྡེ་༣༠དང་ཚན་༥༧དང་རིགས་༤༣བསྡུས་ཡོད། སྲུང་སྐྱོང་ཤིང་སྡུ་རྩ་ཆེན་འདི་དག་གིས་རྒྱུད་སྡུའི་གཞི་རྒྱ་ཆེས་ཕུན་སུམ་ཚོགས་པ་སྐྱོང་བཞིན་ཡོད་ལ། དེ་ནི་རང་ཁུལ་གྱི་ནགས་ཚལ་ཐོན་ཁུངས་ཀྱི་རྒྱུ་ནོར་རྩ་ཆེན་དང་ཚབ་ཏུ་མི་རུང་བའི་རྩི་ཤིང་རྒྱུད་རྒྱུ་ཡིན་པར་མ་ཟད། ནགས་ལས་ཐོན་སྐྱེད་ནུས་ཤུགས་འཕེལ་རྒྱས་ཀྱི་རྨང་གཞིའི་རང་བཞིན་དང་འཐབ་རྩུས་རང་བཞིན་ལྡན་པའི་ཐོན་ཁུངས་ཡིན།

《ཀན་ལྷོའི་ཤིང་སྡུ་རྩ་ཆེན》ཞེས་པ་པར་དུ་བསྐྲུན་པས་ཀན་ལྷོ་ལས་འདས་ཏེ་ཞིང་ཆེན་ཡོངས་དང་ཐ་ན་རྒྱལ་ཡོངས་ཀྱི་ཤིང་སྡུ་རྩ་ཆེན་རིགས་སྲུང་སྐྱོང་དང་བེད་སྤྱོད་པར་རྨང་རྡོ་གསར་པ་ཞིག་བཏིང་ཡོད་པར་མ་ཟད། ཀན་ལྷོའི་ནགས་ལས་དང་རྩྭ་གཉེར་ཆེད་ལས་པའི་བློ་

གྲོས་ཡོངས་སུ་འདུས་ཤིང་རང་བྱུང་ཁམས་ཆེན་པོའི་དོ་མཆར་མཛེས་ལ་དངོས་རིགས་ཀྱི

དགོན་པའི་རང་བཞིན་བསྟན་ཡོད་པ་དང་། 　　　གན་ལྤོ་ཁ་ལ་ཀྱི་དེ་སྙེས་ཆེ་ཤིང་རྒྱུད་སྤྲའི་ཐོན་

ཁུངས་ཀྱི་འདུས་གཟུགས་ཡིན། 　དེའི་ནང་དོན་ལ་ཤིང་སྣ་རུ་ཆེན་ཀྱི་འབྱེ་བ་དང་ཆེ་ཤིང་རིག

པའི་ཁྱད་གཤིས་དང་སྲུང་སྐྱོང་གི་གནས་བབ་སོགས་འདུས། 　དེའི་གན་ལྤོ་ཁ་ལ་ཀྱི་ཉམས་ཆེན་

ཆེ་བའི་ཤིང་སྣ་རུ་ཆེན་ཐོན་ཁུངས་ཀྱི་གནས་བབ་མཛེན་པའི་ཆན་རིག་རྟོག་ཞིབ་ཀྱི་བརྒྱམས

ཆོས་བམ་པོ་འབུས་ཆང་དང་ཁུངས་བཙུན་ནས་ཞིབ་ཕྲལ་ཁ་གསལ་ཞིག་ཡིན་ལ། 　དེ་ད་ཕྱིན་

ཀྱི་གན་ལྤོའི་ཉམས་ཆེན་ཆེ་བའི་ཤིང་སྣ་རུ་ཆེན་སྲུང་སྐྱོང་དང་རྒྱུད་སྤྲའི་ཐོན་ཁུངས་ལེན་སྐྱོང་ཞིག

འདུག 　ཉགས་ལས་ཐོན་སྐྱེད་དང་སྤོག་ཁྲིད་བྱ་བ་སོགས་ཀྱི་ཟུར་སྤྲའི་དགྱག་གཞི་གལ་ཆེན

ཡིན། 　ང་ཆོས་དེ་ལ་ཀུན་ཀྱིས་མཛོང་ཆེན་འཕོག་ཅེད་དེས་ཀྱང་དེ་ཡི་ཐེད་ནུས་རང་འཛིན་པར

རེ་བ་བཅངས་ཡོད།

དཔེ་ཆ་འདིའི་རྒྱུ་ཆེ་བའི་མང་ཚོགས་ཀྱིས་ཤིང་སྤྲའི་ཤེས་བྱར་རྒྱས་ལོན་དང་ཆན་རིག

ཞིབ་འཇུག་གི་དགའ་ཕྱོགས་གསོ་སྐྱོང་། 　སྐྱེ་ཁམས་ཀྱི་འདུ་ཤེས་ཆེར་བསྐྱེད་པ་དང་སྐྱེ་ཁམས

དཔལ་ཡོན་ཀྱི་བསམ་བློ་བསྐྱགས་ཕུབ་པའི་ཆན་རིག་ཁུ་ཕྱལ་ཀྱི་བརྒྱམས་ཆོས་གལ་ཆེན

ཞིག་ཡིན་ལ། 　གན་ལྤོ་ནགས་ལས་ཀྱི་ཉར་ཆགས་རིན་ཐང་དང་རིག་བསྐྱགས་རིན་ཐང་ཆེས

སྐྱུན་པའི་སྐྱེ་ཁམས་མཆན་བྱང་སྐྱིན་སྤྱག་པ་ཞིག་ཡིན་པས། 　མཁྲིགས་སྤྱར་སྐྱོས་མཛོ་དབུས

མཚོ་སྐྱང་གི་སྐྱེ་ཁམས་སྲུང་སྐྱོབ་དང་རྒྱན་མ་བྱུང་འཕེལ་རྒྱས་ཀྱི་སྤོན་ཐོན་དཔེ་སྤོན་ཁ་ལ་བསྒྲུན

པར་པབ་ནུས་ལེགས་པར་ཐོན་རེ་ལགས།

ཆོར་ཆེ་ཏུ་མ་གྲིན་སྐུ་བས།

ཕྱི་ལོ་༢༠༢༣ལོའི་ཟླ་༥པ།

前　言

　　珍稀树种是指珍贵、稀少或濒于灭绝的树种，以及虽有一定数量，但也逐渐减少的优良树种的统称。这些植物居群不多，植株稀少，地理分布有很大的局限性，仅生存在特殊的生境或有限的地方。珍稀树种是国家的宝贵自然资源，是自然环境的重要组成部分，是天然筛选而保留的优胜者，是构成林木种质资源的重要组成部分，同时也是良种繁育的优质原始材料，是林业生产力发展的基础性和战略性资源，对其研究保护利用具有重要的现实意义。

　　甘南地形错综复杂，西部高原的隆亢和东南山体的切割造就了复杂多变的地形和地貌景观的多样性。境内重峦叠嶂，沟谷纵横，山原逶迤，河流蜿蜒，高峡出平湖，雪山映海子，林草间带，湿地丰美。全州整体地势西北高东南低，最高海拔迭山措美峰4920米，最低海拔瓜子沟口1172米，海拔落差达3748米。由西到东形成西北山原区、西南高山峡谷区和东部山地丘陵区三种地貌类区。不同的地形地貌与气候条件，造就了不同的生态环境，孕育了极为丰富且各具特色的野生植物资源。尤其是青藏高原东北部的高寒环境构成的独特生命存衍区，部分植物已达到边缘分布和极限分布，是珍贵的种质资源库和高原生物基因库。另外，在中国植物区系分区系统中，甘南还处在中国—日本、中国—喜马拉雅和青藏高原等三个植物亚区的交汇区，物种组成复杂多样，地理成分联系广泛，是我国西部生物多样性关键地区之一。

　　林草兴则生态兴，生态兴则文明兴。为全面深入贯彻落实习近平生态文明思想，深度挖掘珍稀树种的科研、保护繁育利用及生态等价值，以进一步保护好、利用好珍稀树种这一宝贵的自然资源，甘南藏族自治州林业和草原局组织专业骨干力量于2022—2023年开展并完成了甘南珍稀树种资源调查工作。

　　此次调查范围覆盖甘南全境，包括甘南县（市）属林区和省属各保护区所辖林区，重点按照白龙江、洮河、大夏河三大流域林区开展调查。

　　两年期间，在全州七县一市各林区随机布设样线327条，开展了全面系统的调查，共记录珍稀树种50科100属212种，拍摄植物照片23000余幅，采集了珍稀树种标本（种子），建立了甘南珍稀树种数据库。在查清甘南境内珍稀树种种类、居群生境、生长状况的基础上，重点掌握珍稀树种分布区域、伴生树种、保护现状及存在的问题。这项工作所取得的成果为今后有效开展甘南珍稀树种保护和繁育研究工作提供了科学依据，并为甘南林草种质资源普查与收集工作奠定了坚实的基础。

对调查的树种参照《国家重点保护野生植物名录》（国家林业和草原局 农业农村部公告2021年第15号）、《中国珍稀濒危保护植物名录》（1984年国务院环境保护委员会公布，1987年国家环境保护局、中国科学院植物所修订）、《国家珍贵树种名录》（1992年10月1日林业部）、《中国主要栽培珍贵树种参考名录》（2017年版），结合地方分布特有种等资料进行筛选，经专家审核，确定了甘南珍稀树种共30科51属83种，收录于《甘南珍稀树种》一书。书中按国家级重点保护树种、甘南珍稀濒危树种、甘南特有树种三大类，从每个种的系统分类、形态特征、生境分布、致危分析、保护价值和保护措施等六个方面进行了详细描述，附花、叶、果实、树干形态及生境图片，使内容更加充实。

甘南珍稀树种资源野外调查和《甘南珍稀树种》编辑工作，得到了州委、州政府、省林业和草原局的大力支持和省内知名林业专家的指导，这项工作是在甘南藏族自治州林业和草原局的支持下，尤其是在杨星罡副局长的高度关注和细心指导下，得以顺利完成的。同时，在此特别对这项工作给予大力支持的甘肃农业大学林学院孙学刚教授、刘晓娟副教授，以及对这项工作给予帮助的林业工作者一并表示衷心的感谢。

最后，由于书稿整理时间仓促，编者水平有限，难免出现纰漏，敬请广大读者批评、指正。

编　者
2023年8月

编写说明

　　1. 在2018—2020年开展林木种质资源调查和2021年完成甘南古树名木资源普查工作的基础上，为全面掌握甘南境内分布的珍稀树种种质资源，甘南藏族自治州林业和草原局安排州种苗站组织州直林业技术骨干，于2022—2023年对甘南全境分布的珍稀树种开展调查工作。

　　2. 《甘南珍稀树种》收录的珍稀树种参照《国家重点保护野生植物名录》（国家林业和草原局　农业农村部公告2021年第15号）、《中国珍稀濒危保护植物名录》（1984年国务院环境保护委员会公布，1987年国家环境保护发局、中国科学院植物所修订）、《国家珍贵树种名录》（1992年10月1日林业部）、《中国主要栽培珍贵树种参考名录》（2017年版），结合地方分布特有种等进行筛选，并由专家审核确定。

　　3. 《甘南珍稀树种》共收录83种珍稀树种，隶属于30科51属。

　　4. 树种的中文名、学名和系统分类参考《中国植物志》，每种树种均有形态特征描述，便于阅读。科的排序参照《中国植物志》的系统排序，科内属的排序按照植物形态特征相近程度做便捷处理，不完全反映系统位置。

　　5. 本书共计22.7万字，其中杨元旺编写完成书稿前言、总论及各论部分的银杏科、松科、柏科、红豆杉科、杨柳科、连香树科、水青树科、领春木科、胡桃科、芸香科、榆科、桑科、毛茛科、豆科、黄杨科、蔷薇科等文字和图片内容，共计14.3万字；杨焕俊编写完成书稿各论部分壳斗科、山茱萸科、杜鹃花科、桦木科、槭树科、鼠李科、无患子科、漆树科、椴树科、木樨科、楝科、忍冬科、马钱科、五加科等植物的文字和图片内容及索引内容，共计8.4万字。

　　6. 《甘南珍稀树种》对书名、序、树种种名等进行了藏文翻译。

编　者

2023年8月

目 录

总 论

各 论

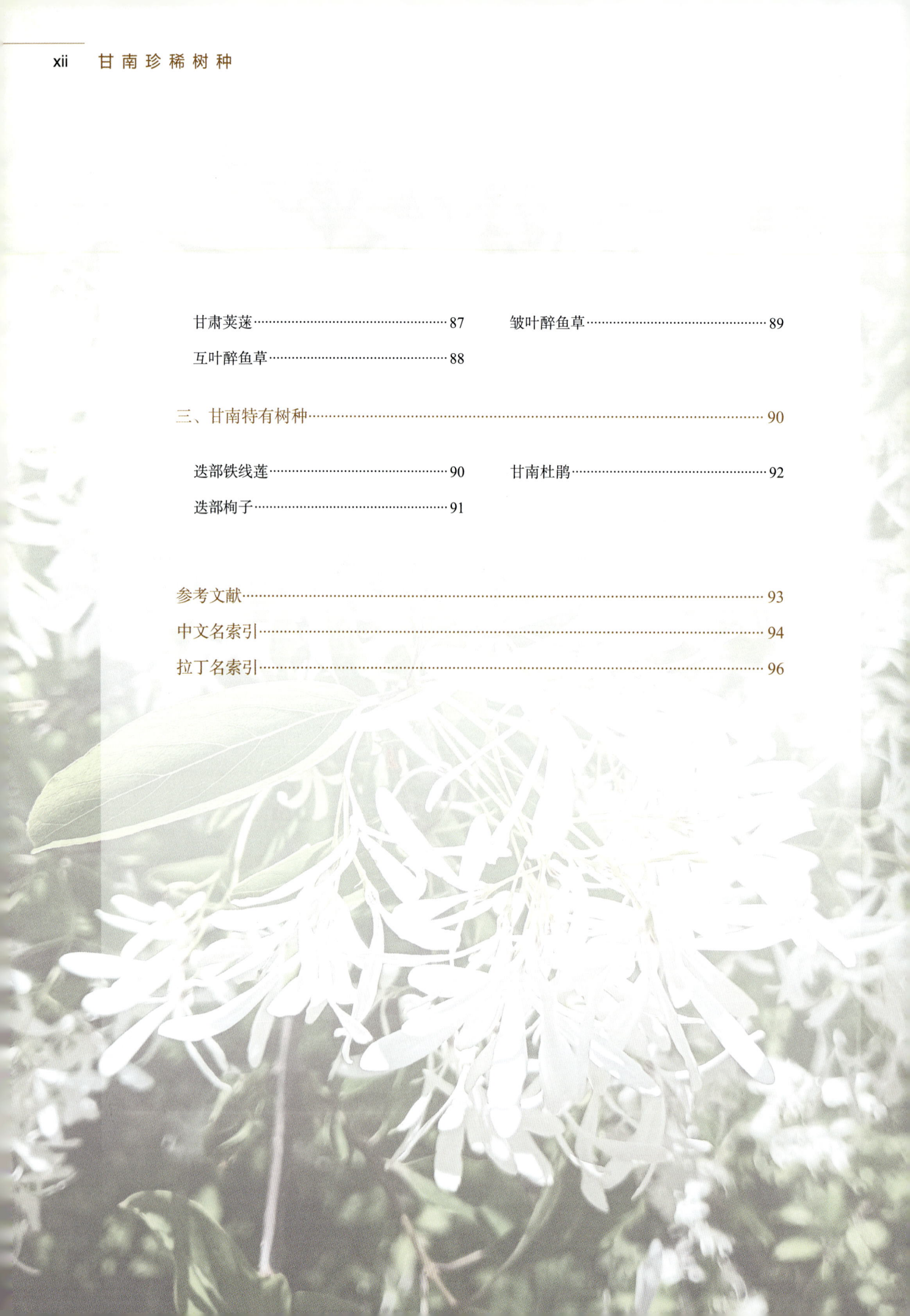

总 论

一、甘南概况

✿（一）地理位置

　　甘南位于甘肃省西南部，地处中国地势第一级阶梯向第二级阶梯的过渡地带，为我国西北地区与西南地区联结的地理关联带，是黄河、长江两大水系的分水岭地区。地理坐标为东经100°45'45"～104°45'30"，北纬33°06'30"～35°34'00"。东与甘肃省定西市、陇南市毗邻，南与四川省阿坝藏族自治州交界，西连青海省果洛、黄南两个藏族自治州，北接甘肃省临夏回族自治州。

✿（二）地质构造

　　从地质构造来看，甘南位于秦岭与昆仑两个地槽褶皱系的交接部位，大部分属秦岭地槽褶皱系，西南部属松潘—甘孜地槽褶皱系。以境内地层沉积分析，连续沉积或基本连续沉积时期大约从震旦系开始，至三迭系结束。地质构造呈浅海陆棚相沉积，间或有火山岩沉积及岩浆侵入。从三迭纪末期发生的间A型俯冲挤压，促使州境陆块缝合率先形成印支期碰撞造山带，在境内形成剧烈褶皱。燕山期由于地壳的剧烈运动，形成断块构造阶段。在局部形成山间凹陷和许多断裂盆地的同时，还接受了侏罗系或白垩系的陆相河湖沉积。期间，境内东西向构造带还有强烈活动，在东西向构造的基础上生成和发展了武都山字型构造。州境南部地域处在武都山字型西翼前弧，并在迭部境内形成反射弧。位于阴山和秦岭两个东西向构造带之间的祁吕贺兰山字型构造带也在中生代的多次构造运动中形成，其西翼前弧也展向州境北部。州境内山地与高原相间，形成了山原区、高山峡谷区和山地丘陵区等地貌类型区。

✿（三）地形地貌

　　甘南位于青藏高原东北边缘，地处青藏高原、黄土高原和陇南山地的过渡地带。板块地势西北高、东南低，由西北向东南呈倾斜状。境内山峦绵延跌宕，沟谷纵横交错，高原宽阔起伏，地形错综复杂。北部的小积石山—太子山山脉，西部的阿尼玛卿山—西倾山山脉，中东部的西秦岭以及南部的迭山—岷山山脉形成州境地貌的主要构架。这些总体由西北向东南逶迤蜿蜒的高山峻岭与其间的高原阔地，构成了州境西、北、南面平均海拔3000米以上的主要地貌区域。境内仅舟曲县瓜子沟口为最低点，海拔1172米，处整个倾斜地势的东部箕口。

　　（1）黄河上游青藏高原山原区。属青藏高原东部边缘的一部分，包括西部山地高原和东部山地丘陵。地势大致东低西高，海拔从东部的2500米左右逐渐向西增高到4000米以上，黄河干流在玛曲县甘肃、青海、四川三省交界处形成首曲，其支流洮河、大夏河发源于本区的西倾山，蜿蜒北出汇于刘家峡黄河水库。

　　（2）白龙江流域秦岷高山峡谷区。位于甘南东南部，属长江上游嘉陵江支流白龙江水系，北部为秦岭山脉的西延部分，南部为岷山山脉。在构造上属西秦岭褶皱系。本区地势东低西高，海拔从东南部的1172米到西部迭山主峰措美峰4920米，相对高差大，海拔大多在2000～3200米。由于新构造运动的强烈隆起与流水的急剧下切，形成山高谷深、峰锐坡陡之景观。

✿（四）气候特征

　　全州各地年平均气温自东南向西北随海拔升高而降低，一般在1～13℃。地处东南部的舟曲县年平均气温为12.7℃，迭部县6.7℃，地处中部的临潭县、卓尼县为3.2～4.6℃，夏河县、合作市2～2.6℃，而西部的玛曲县只有1.1℃，气温差异为11.6℃。全州气温7月最热，极端最高气温24～35℃；1月最冷，极端最低气温–30～–1℃。甘南高原大部分地区基本无绝对无霜期，相对无霜期仅30～80天；属于陇南山地的舟曲县无霜期230天，迭部县无霜期147天左右。

年降水量的地理分布不均，大致趋势是南多北少，在一定范围内随海拔升高而增加。年降水量为436～850毫米。全州年平均总蒸发量为1137～1973毫米，一年之内，最大在7月，最小在12月或1月。

全州日照时数为2100～2550小时，玛曲县最多，舟曲县最少。年太阳辐射量为4430～5499兆焦/平方米，仍是玛曲县最高，舟曲县最低。

根据气候差异和水热条件，全州分为两个气候区。①东南部河谷温带半干旱、半湿润区：主要是舟曲县及迭部县东南部。年平均气温8～12℃，年降水量438～800毫米，无霜期220～240天。②西北部高寒湿润、半湿润区：包括迭部县腊子沟以西的甘南大部分地区。海拔大多在3000米以上。年平均气温1～7℃，年降水量550～800毫米，无霜期小于150天，干燥度小于1。

✿（五）土壤类型

甘南境内土壤有13个土类27个亚类40个土属。主要土壤类型有干旱土纲的灰钙土、黑钙土、栗钙土；淋溶土纲的棕壤、暗棕壤；半淋溶土纲的褐土、灰褐土、黑土；水成土纲的沼泽土、泥炭土；半水成土纲的草甸土、山地草甸土；初育土纲的黄绵土、红黏土、石质土；高山土纲的高山寒漠土、高山草甸土、亚高山草甸土等。森林主要土类有暗棕壤、棕壤、褐土类、草甸土类等。各个山地由于所处的地理位置不同，相对高差不一致，坡度坡向各异，必然影响到垂直方向上水热条件和生物群落的改变，随着海拔上升，通常表现为依次成条带状更替，并与等高线平行，具有一定的垂直宽度，构成一定的垂直带谱。在一定的自然带谱中，有与之相适应的土壤类型出现，构成山地土壤的垂直带谱结构。

（1）黄河上游青藏高原山原区。高原东南部白龙江源头地区，土壤垂直带谱为褐土（2200米）→棕壤（2600米）→暗棕壤（3500米）→亚高山灌丛草甸土（4000米）→高山草甸土（4500米）→高山寒漠土（大于4500米）；高原东部洮河上中游高山峡谷地区，土壤垂直带谱是栗钙土（2500米）→石灰性灰褐土或黑钙土（2800米）→淋溶灰褐土（3100米）→暗棕壤（3600米）→高山灌丛草甸土（3800米）→高山草甸土（4000米）→高山寒漠土（大于4500米）；北部边缘大夏河上游高山盆地区，垂直带谱结构是淡栗钙土→栗钙土→黑钙土→黑土→灰褐土→淋溶灰褐土→亚高山灌丛草甸土→高山草甸土→高山寒漠土；西南部黄河首曲高山与山原盆地区，垂直带谱是黑钙土（3000～3600米）→亚高山灌丛草甸土（4000米）→高山草甸土（4500米）→高山寒漠土。

（2）白龙江流域秦岭高山峡谷区。湿润气候区，基带土壤是黄棕壤（1400米）→棕壤（2400米）→暗棕壤（2600米）；半干旱气候区，基带土壤是石灰性褐土（1800米）→褐土（2000米）→淋溶褐土（2200米）→棕壤（2600米）→暗棕壤（3000米）→亚高山灌丛草甸土（3426米）。

✿（六）自然资源

1.水资源

甘南境内水源充足，主要河流有黄河、洮河、大夏河和白龙江等。黄河由青海省久治县门堂乡入玛曲县，环绕玛曲县边缘形成"九曲黄河"的第一弯。洮河、大夏河是黄河的重要支流。白龙江发源于碌曲县，流经迭部、舟曲两县。全州分黄河、长江两大流域四大水系，是黄河、长江上游的河源区和重要水源补给区，据水文监测，2015—2022年黄河上游玛曲段年平均补给水量达87.96亿立方米。是黄河全流域的补给峰值区之一。此外，甘南每年还向嘉陵江补水34亿立方米，占到嘉陵江上游总径流量的11.27%，且水质上等、干净，也是长江上游重要的水源涵养补给区和水土保持区之一。

（1）黄河干流水系。玛曲县黄河首曲，汇入黄河的主要支流有白河、黑河、西科河、大夏河、洮河等。

（2）洮河水系。洮河发源于碌曲县西倾山东麓勒尔当，流经碌曲、合作、卓尼、临潭四县（市），主要支流有周科河、科才河、热乌克河、博拉河、车巴河、卡车河、大峪河、冶木河等。

（3）大夏河水系。大夏河发源于青海省同仁县，流经甘南夏河县，主要支流有多哇河、格河、隆瓦河、切龙河、晓河、清水河等。

（4）白龙江水系。白龙江发源于碌曲县郎木寺，流经碌曲、迭部、舟曲三县，主要支流有益哇河、达拉河、阿夏河、腊子河、曲哇河、大峪河、拱坝河等。

2. 动物资源

甘南境内野生动物资源丰富，尤其是珍贵动物的种类和数量在全省占有较大比重，是甘肃珍贵动物的主要栖息区之一，也是我国北方鸟类和全部陆栖脊椎动物多样性的"偏高值区"。

鸟纲动物有15目33科154种；哺乳纲动物有6目20科77种。野生动物在高原山区垂直分布不明显，唯雪鸡、雪豹分布于高山草甸、裸岩地区。依自然景观，可分为森林区动物、草原区动物和沼泽水域区动物。森林区动物主要有大熊猫、梅花鹿、黑熊、林麝、雉鸡、蓝马鸡、苏门羚、猞猁、甘肃马鹿等；草原区动物主要有狼、赤狐、藏原羚、草原雕、秃鹫、雕鸮、旱獭等；沼泽水域区动物中主要有黑颈鹤、黑鹳、天鹅、水獭等。

属国家一级保护野生动物的有大熊猫、梅花鹿、白唇鹿、雪豹、黑鹳、金雕、胡兀鹫、白肩雕、斑尾榛鸡、红尾虹雉、红雉、黑颈鹤、丹顶鹤、赤颈鹤等。属国家二级保护野生动物的有黑熊、棕熊、石貂、水獭、金猫、猞猁、马麝、林麝、白臀鹿、藏原羚、岩羊、黄羊、苏门羚（鬣羚）、盘羊、苍鹰、灰鹤、血雉、红腹角雉、蓝马鸡、雪鸡（暗腹雪鸡、淡腹雪鸡）、天鹅、红隼、猎隼、灰背隼、红脚隼及鸮科的小鸮等。甘肃省重点保护的野生鱼类有山溪鲵、娃娃鱼、接骨丹，主要分布在卓尼、临潭、夏河、碌曲、迭部、舟曲等县的山间小溪之中。省列经济价值较高的鱼种主要有极边扁咽齿鱼（小嘴湟鱼）、花斑裸鲤（大咀湟鱼）、厚唇重唇鱼（石花鱼）、黄河裸裳尻鱼（草生鱼）、似鲶条鳅（狗鱼）、鲤鱼等。

3. 植物资源

甘南境内的植物资源十分丰富，是我国生物多样性典型代表地区之一，全州七县一市被分别列入中国"羌塘—三江源生物多样性保护优先区域"和"岷山—横断山北段生物多样性保护优先区域"。全州共有森林植物1820种，其中木本植物有75科168属552种；草本植物有94科369属947种。

森林植物主要分布在白龙江、洮河及大夏河三大林区，森林植被类型可划分为4个林纲组（植被型）12个林纲（植被亚型）42个林系组（群系组）88个林系（群系），其中，乔木林系28个、灌木林系58个、竹林系2个。草原植物主要分布在玛曲县、夏河县、碌曲县和卓尼县，草原植被类型可划分为7类17组29型，其主体地类为高寒草甸草地类和山地草甸草地类。

在森林草原植物中被列入《国家重点保护野生植物名录》的国家一级保护野生植物有银杏、红豆杉、南方红豆杉、紫斑牡丹等4种；国家二级保护野生植物有岷江柏木、秦岭冷杉、大果青杆、水青树、连香树、甘肃桃、水曲柳、红花绿绒蒿、长鞭红景天、红景天、桃儿七、独叶草及本区分布的部分兰科植物。

被列入《中国珍稀濒危保护植物名录》的二级保护野生树种有连香树、水青树、四川牡丹、星叶草、独叶草、领春木等6种；三级保护野生树种有刺五加、桃儿七、华榛、胡桃楸、水曲柳、紫斑牡丹、延龄草、玫瑰、黄蓍（黄芪）等9种。

被列入《国家珍贵树种名录》一级保护野生树种有银杏、南方红豆杉等2种；二级保护野生树种有岷江柏木、秦岭冷杉、麦吊云杉、大果青杆、刺楸、连香树、核桃楸、水青树、水曲柳等9种。

被列入《中国植物红皮书》一级保护野生植物有银杏、独叶草、玉龙蕨等3种；二级保护野生植物有秦岭冷杉、岷江柏木、水曲柳、水青树、刺五加、黄蓍（黄芪）、连香树、大果青杆、四川牡丹等9种；无危种有星叶草、华榛、金钱槭、领春木、胡桃楸、麦吊云杉、桃儿七、延龄草等8种。

植被动态特征如下。

（1）森林植被动态特征。洮河、大夏河流域森林动态特征：在甘南高原主要分布着云杉林和冷杉林，常见树种有云杉、紫果云杉、青杆、岷江冷杉、巴山冷杉等，是组成山地阴坡森林植物群落的优势树种。而在阳坡与半阳坡，通常分布的是以圆柏属树种为主的常绿针叶林。这些常绿针叶林群落都比较稳定，可以通过自身调节来解决与生境变化所产生的矛盾，因而能够不断更新。所以，它们明显的逆向演替主要是在全球气候变暖及青藏高原干旱化加剧等大背景下，由于各种自然灾害和人为活动破坏所造成的。这些植物群落，一经破坏则很难恢复，便向旱化发展。它们分布的海拔高度大多在2100~3500米，下部与寒温带落叶阔叶林相接，上部与高山灌木林带相连。其林下灌木层优势树种主要有枸子、忍冬、杜鹃、花楸、蔷薇、柳等。这些高原山地针叶林遭采伐和破坏后下部便为杨、桦等入侵，形成针阔混交林类型，继续破坏便出现寒温带落叶阔叶林，再遭进一步破坏便成为灌木林甚至草地类型。

白龙江流域森林植被动态特征：在海拔2700米以上高山主要生长有云杉、红桦等，形成云杉林带、云杉与红桦混交林带，下木以箭竹等为主。更高地带则生长有冷杉林，下层或生长有杜鹃、忍冬、枸子等，或仅布深厚苔藓。而海拔在2700米以下的山地河谷，受采伐和人为破坏、侵占影响严重，林相不完整，呈现出以栎类和山杨等为主的次生林。这一次生森林类型形成时间大约有100年。从目前植物种类的分布情况看，这一范围内的地带性原生植被，应是油松、华山松与栎类、杨、桦等组成的针阔混交林，目前在一些人为侵扰破坏相对较少的地带仍有一定分布。

（2）草原植被动态特征。甘南草原植被类型依据《中国植被》分类系统，总体上可划分为高寒草甸、沼泽化草甸、山地草甸及草原化荒漠植被等。高寒草甸主要分布在海拔3300~3700米广大高原面及山地阳坡，由典型高寒草甸、高寒灌丛草甸和沼泽化草甸三个亚植被型组成。植物种类因地貌部位和土壤水分状况而异。丘陵、山麓及河流高阶地多为禾草、杂类草，如异针茅、羊茅、紫羊茅、多种薹草；河流低阶地与山间盆地则以禾草占优势，如垂穗披碱草、垂穗鹅观草、发草，以及莎草科的喜马拉雅嵩草等。受小地形的影响，在大夏河、洮河沿岸低海拔温和河谷阳坡及干旱滩地局地，有少量块状草原植被。在黄河河曲带和尕海盆地等，植被类型为沼泽化草甸，主要植物有水麦冬、多种嵩草、珠芽蓼和杂类草。高原北部邻近黄土地区的一些干燥阳坡，则发育有短花针茅和甘青针茅等植物组成的草原群落。适应高寒半湿润气候的草本和灌木在种类组成中居优势地位，其中尤以莎草科、禾本科、菊科、毛茛科、蔷薇科、龙胆科和杜鹃科植物最为丰富。游牧经济时期，甘南草原的主体类型是以莎草科植物为原始建群种的草甸带原，代表性物种为嵩草、线叶嵩草、禾叶嵩草、矮嵩草、高山嵩草、青藏薹草、密生薹草等，植被特点为致密、耐牧。近半个多世纪以来，伴随着畜牧业的快速发展及草原经营利用方式的转变，牲畜囿于固定的放牧地，草原反复利用得不到休养生息和自我更新，加之受自然气候变化的影响，导致原生植被发生结构性变化，由莎草科为优势种的草原出现类型分化，逐渐演替为以垂穗披碱草为代表的多种禾草+杂类草型草原，典型退化指示植物火绒草、黄帚囊吾、甘肃马先蒿、黄花棘豆、狼毒、鹅绒委陵菜等分布扩大，植被由致密变稀疏，耐牧性降低，甚至出现放牧后地表土壤裸露的现象。虽然近一二十年来开展了卓有成效的草原生态修复治理，逆向演替趋势得以遏制，但要恢复到原生植被状态，需持续努力。

（3）森林资源概况根据甘南州国土三调数据显示，全州国土总面积为5489.20万亩（1亩=1/15公顷，以下同），其中林地1820.38万亩，草地2649.25万亩，湿地576.05万亩。

各县（市）属林草湿与国土三调融合数据显示，土地面积3369.46万亩，林地面积844.85万亩，森林面积531.32万亩，森林覆盖率为15.77%。

✿（七）行政区划

甘南藏族自治州下辖合作市、临潭县、卓尼县、迭部县、舟曲县、夏河县、玛曲县、碌曲县等8个县（市），共有99个乡镇（街道办）664个行政村。

二、甘南珍稀濒危树种概况

✿ （一）国家级重点保护树种

根据2021年9月国家林业和草原局、农业农村部公布的《国家重点保护野生植物名录》（第二批，2021），参考国家环境保护局公布的《中国珍稀濒危保护植物名录》（第一批，1989）和林业部公布的《国家珍贵树种名录》（第一批，1992），初步确定甘南野生分布的国家级重点保护树种13科14属17种（表1）。

表1　国家级重点保护树种

科名	属名	种名	拉丁名	保护级别
银杏科	银杏属	银杏	*Ginkgo biloba* L.	一级
松科	冷杉属	秦岭冷杉	*Abies chensiensis* Tiegh.	二级
	云杉属	大果青杆	*Picea neoveitchii* Mast.	二级
		麦吊云杉	*Picea brachytyla* (Franch.) Pritz.	二级
柏科	柏木属	岷江柏木	*Cupressus chengiana* S. Y. Hu	二级
红豆杉科	红豆杉属	红豆杉	*Taxus chinensis* (Pilger) Rehd.	一级
		南方红豆杉	*Taxus chinensis* (Pilger) Rehd. var. *mairei* (Lemee et Levl.) Cheng et L. K. Fu	一级
连香树科	连香树属	连香树	*Cercidiphyllum japonicum* Siebold et Zucc.	二级
水青树科	水青树属	水青树	*Tetracentron sinense* Oliv.	二级
桦木科	榛属	华榛	*Corylus chinensis* Franch.	三级
毛茛科	芍药属	紫斑牡丹	*Paeonia suffruticosa* Andr. var. *papaveracea* (Andr.) Kerner	一级
		四川牡丹	*Paeonia szechuanica* Fang	二级
领春木科	领春木属	领春木	*Euptelea pleiosperma* Hook. f. et Thoms.	二级
胡桃科	胡桃属	胡桃楸	*Juglans mandshurica* Maxim.	二级
蔷薇科	桃属	甘肃桃	*Amygdalus kansuensis* (Rehd.) Skeels	二级
木樨科	梣属	水曲柳	*Fraxinus mandschurica* Rupr.	二级
五加科	刺楸属	刺楸	*Kalopanax septemlobus* (Thunb.) Koidz.	二级

✿ （二）甘南珍稀濒危树种

甘南珍稀濒危树种是指虽未列入国家重点保护野生植物、中国珍稀濒危保护树种、国家珍贵树种等名录，但在甘南地区资源稀少，具有重要经济、药用、用材、学术研究等价值的树种。根据甘南珍稀树种调查结果进行系统分析，甘南珍稀濒危树种共23科41属63种（表2）。

表2　甘南珍稀濒危树种

科名	属名	种名	拉丁名
松科	冷杉属	黄果冷杉	*Abies ernestii* Rehd.
		紫果冷杉	*Abies recurvata* Mast.
	云杉属	紫果云杉	*Picea purpurea* Mast.
	铁杉属	铁杉	*Tsuga chinensis* (Franch.) Pritz.
	落叶松属	红杉	*Larix potaninii* Batalin
柏科	圆柏属	松潘圆柏	*Sabina vulgaris* Ant. var. *erectopatens* Cheng et L. K. Fu
		大果圆柏	*Sabina tibetica* Kom.
		祁连圆柏	*Sabina przewalskii* Kom.
		方枝柏	*Sabina saltuaria* (Rehd. et Wils.) Cheng et W. T. Wang
		密枝圆柏	*Sabina convallium* (Rend. et Wils.) Cheng et W. T. Wang
杨柳科	杨属	冬瓜杨	*Populus purdomii* Rehd.
		光皮冬瓜杨	*Populus purdomii* Rehd. var. *rockii* (Rehd.) C. F. Fang et H. L. Yang
	柳属	甘南沼柳	*Salix rosmarinifolia* Linn. var. *gannanensis* C. F. Fang
胡桃科	枫杨属	甘肃枫杨	*Pterocarya macroptera* Batalin
壳斗科	栎属	刺叶高山栎	*Quercus spinosa* David ex Franch.
		匙叶栎	*Quercus dolicholepis* A. Camus
桦木科	桦木属	亮叶桦	*Betula luminifera* H. Winkl.
		矮桦	*Betula potaninii* Batalin
	铁木属	铁木	*Ostrya japonica* Sarg.
	鹅耳枥属	千金榆	*Carpinus cordata* Bl.
芸香科	吴茱萸属	臭檀吴萸	*Evodia daniellii* (Benn.) Hemsl.
榆科	榆属	兴山榆	*Ulmus bergmanniana* Schneid.
		黄榆	*Ulmus macrocarpa* Hance.
		脱皮榆	*Ulmus lamellosa* Wang et S. L. Chang ex L. K. Fu
		春榆	*Ulmus davidiana* Planch. var. *japonica* (Rehd.) Nakai
		旱榆	*Ulmus glaucescens* Franch.
	朴属	黑弹树	*Celtis bungeana* Bl.
	榉属	榉树	*Zelkova serrata* (Thunb.) Makino
		大果榉	*Zelkova sinica* Schneid.
桑科	桑属	蒙桑	*Morus mongolica* (Bur.) Schneid.
毛茛科	铁线莲属	长瓣铁线莲	*Clematis macropetala* Ledeb.
蔷薇科	桃属	西康扁桃	*Amygdalus tangutica* (Batal.) Korsh.
		钝核甘肃桃	*Amygdalus kansuensis* (Rehd.) Skeels var. *obtusinucleata* Y. F. Qu, X. L. Chen & Y. S. Lian
	稠李属	稠李	*Padus racemosa* (Lam.) Gilib.
	栒子属	柳叶栒子	*Cotoneaster salicifolius* Franch.
	花楸属	江南花楸	*Sorbus hemsleyi* (Schneid.) Rehd.
豆科	香槐属	小花香槐	*Cladrastis sinensis* Hemsl.

（续）

科名	属名	种名	拉丁名
黄杨科	黄杨属	黄杨	*Buxus sinica* (Rehd. & Wils.) Cheng
山茱萸科	山茱萸属	山茱萸	*Cornus officinalis* Siebold & Zucc.
	梾木属	红椋子	*Swida hemsleyi* (Schneid. et Wanger.) Sojak
		毛梾	*Swida walteri* (Wanger.) Sojak
槭树科	金钱槭属	金钱槭	*Dipteronia sinensis* Oliv.
	槭属	川甘槭	*Acer yui* Fang
		色木槭	*Acrer mono* Maxim.
鼠李科	鼠李属	柳叶鼠李	*Rhamnus erythroxylon* Pall.
无患子科	文冠果属	文冠果	*Xanthoceras sorbifolia* Bunge
漆树科	漆树属	漆	*Toxicodendron vernicifluum* (Stokes) F. A. Barkl.
	黄连木属	黄连木	*Pistacia chinensis* Bunge
椴树科	椴树属	少脉椴	*Tilia paucicostata* Maxim.
		华椴	*Tilia chinensis* Maxim.
木樨科	梣属	象蜡树	*Fraxinus platypoda* Oliv.
		秦岭梣	*Fraxinus paxiana* Lingelsh.
		宿柱梣	*Fraxinus stylosa* Lingelsh.
		白蜡树	*Fraxinus chinensis* Roxb.
	流苏树属	流苏树	*Chionanthus retusus* Lindl. et Paxt.
	丁香属	北京丁香	*Syringa reticulata* subsp. *pekinensis* (Rupr.) P. S. Green & M. C. Chang
楝科	香椿属	香椿	*Toona sinensis* (A. Juss.) Roem.
忍冬科	双盾木属	双盾木	*Dipelta floribunda* Maxim.
		优美双盾木	*Dipelta elegans* Batalin
	六道木属	南方六道木	*Zabelia dielsii* (Graebn.) Makino
	荚蒾属	甘肃荚蒾	*Viburnum kansuense* Batalin
马钱科	醉鱼草属	互叶醉鱼草	*Buddleja alternifolia* Maxim.
		皱叶醉鱼草	*Buddleja crispa* Benth.

✿（三）甘南特有树种

根据《中国植物志》《甘南树木图志》等权威材料统计，甘南特有树种共3科3属3种（表3）。

表3　甘南特有树种

科名	属名	种名	学名
毛茛科	铁线莲属	迭部铁线莲	*Clematis diebuensis* W. T. Wang
蔷薇科	枸子属	迭部枸子	*Cotoneaster svenhedinii* J. Fryer & B. Hylmö
杜鹃花科	杜鹃花属	甘南杜鹃	*Rhododendron gannanense* Z. C. Feng & X. G. Sun

各 论

一、国家级重点保护树种

银杏 *Ginkgo biloba* L.

ཁམ་སྟོང་དཀར་པོ།

银杏科 Ginkgoaceae　银杏属 *Ginkgo*
别名：鸭掌树、鸭脚子、公孙树、白果

形态特征： 乔木，高达40米，胸径可达4米；树皮呈灰褐色，深纵裂，粗糙；枝近轮生，斜上伸展；叶扇形，有长柄，淡绿色，无毛，有多数叉状并列细脉，顶端宽5～8厘米，在短枝上常具波状缺刻，叶在一年生长枝上螺旋状散生，在短枝上3～8叶呈簇生状。球花雌雄异株，单性，生于短枝顶端的鳞片状叶的腋内，呈簇生状；雄球花柔荑花序状，下垂；雌球花具长梗，梗端常分两叉，稀3～5叉或不分叉，每叉顶生一盘状珠座，胚珠着生其上，通常仅一个叉端的胚珠发育成种子，风媒传粉；种子具长梗，下垂，常为椭圆形、长倒卵形、卵圆形或近圆球形，长2.5～3.5厘米，径为2厘米。花期3～4月，种子9～10月成熟。

生境分布： 喜光树种，深根性，对气候、土壤的适应性较广，栽培区甚广。在甘南仅分布于舟曲县境内，海拔1460米，为一株千年古树，树高约15米，冠幅约15米，基围795厘米，此株为雄株。

致危分析： 银杏野生种质在甘南仅存一株（雄株），极为珍贵稀有，自然更新不良，种群繁衍困难。

保护价值： 我国特产，国家一级保护野生植物。是第四纪冰川运动幸存下来的孑遗树种，故有"活化石"之称，被列为中国四大长寿观赏树种（松、柏、槐、银杏）之一。银杏木材优质，材质淡黄色，细致，富弹性，素有"银香木"或"银木"之称，可作建筑、雕刻之用；种子入药，也可食用；银杏树姿壮丽，叶形美观，是理想的园林绿化、行道树种。

保护措施： 就地保护，引种栽培，建立银杏种质保护小区，进行扩繁，逐步扩大种群数量。

秦岭冷杉 *Abies chensiensis* Tiegh.

ཅེན་ལིང་སྲོན་ཤིང་།

松科 Pinaceae 冷杉属 *Abies*

形态特征： 常绿乔木，高达50米；一年生枝淡黄灰色、淡黄色或淡褐黄色，无毛或凹槽中有稀疏细毛；叶在枝上列成两列或近两列状，条形，长1.5～4.8厘米，上面深绿色，下面有2条白色气孔带；果枝之叶先端尖或钝，树脂道中生或近中生，营养枝及幼树的叶较长，先端二裂或微凹，树脂管边生；横切面上面至下面两侧边缘有皮下细胞一层，连续或不连续排列，下面中部1～2层，2层者内层不连续排列；球果圆柱形或卵状圆柱形，长7～11厘米，径3～4厘米，近无梗，成熟前绿色，熟时褐色；种子较种翅为长，倒三角状椭圆形，长8毫米，种翅宽大，倒三角形，上部宽约1厘米，连同种子长约1.3厘米。花期4～5月，球果10月成熟。

生境分布： 在海拔2000～3000米生于阴坡及山谷溪旁的密林中，在巴山冷杉、红桦混交林中散生，在河谷地带有零星分布。耐阴性强，喜冷湿气候，分布于迭部县、舟曲县。

致危分析： 地理分布区域狭小，在本区内多为零星分布，因多数植株常不结实，仅在光照较好处的成龄植株能正常结实，但有隔年结实现象，种子易遭鼠类啮食，天然更新较差，植株数量逐渐减少。

保护价值： 中国特有珍稀濒危植物，国家二级保护野生植物，本种分布零星，数量稀少，因此有着"植物活化石"之称，对保存物种具有重要意义。

保护措施： 就地保护，设立秦岭冷杉种质保护小区；迁地保护，加强种质收集，人工繁育；回归自然，扩大种群数量。

大果青杆 *Picea neoveitchii* Mast.

ཐང་ཤིང་འབྲས་བཟང་།

松科 Pinaceae　云杉属 *Picea*

俗名：爪松、紫树、青杆杉

形态特征：常绿乔木，高达20米；树皮灰色，裂成鳞状块片脱落；一年生枝较粗，淡黄色、淡黄褐色或微带褐色，无毛，基部宿存芽鳞不反曲；冬芽卵圆形或圆锥状卵圆形；叶四棱状条形，两侧扁，高大于宽或等宽，常弯曲，长1.5～2.5厘米，宽约2毫米，先端锐尖，四面有气孔线，上两面各有5～7条，下两面各有4条；球果长圆状圆柱形或卵状圆柱形，长8～14厘米，径5～6.5厘米，通常两端渐窄，间或近基部微宽，熟前绿色，有树脂，熟时淡褐色或褐色，间或带黄绿色；种鳞宽倒卵状五角形、斜方状卵形或倒三角状宽卵形，长约2.7厘米，宽2.7～3厘米，上部宽圆或微成钝三角状，边缘薄，有细齿或近全缘；种子倒卵圆形，长5～6毫米，连翅长约1.6厘米。花期4～5月，种子10月成熟。

生境分布：喜湿，稍喜光，耐寒，多生于海拔1300～2200米的山坡针阔混交林中。适宜气候为冬冷夏凉，秋季多雨，湿度大，土壤为山地棕壤，呈微酸性反应。经调查，该种在舟曲县有分布，野生株稀少，在甘南极为珍贵。

致危分析：长期以来，由于人为活动影响，分布范围已有缩减，在甘南零星分布，残存林木极少，亟待保护。

保护价值：大果青杆为我国特有濒危树种，国家二级保护野生植物、国家二级珍贵树种。大果青杆系秦岭特有种，其种鳞宽大，极为特殊，对研究植物区系、云杉属分类和保护物种均有科学意义。其树干通直、木材优良，木材淡黄白色，纹理直，结构粗，轻细软，耐久用，为建筑、家具等良材。

保护措施：就地保护，由于林木稀少，应加强宣传教育，保护现有存活种质，加强管护，促进母树结实和天然更新，积极开展育苗、造林，扩大种质分布范围。

麦吊云杉 *Picea brachytyla* (Franch.) Pritz.

གསོམ་དཀར་ཁྲོ་ཁྲ།

松科 Pinaceae　云杉属 *Picea*

别名：菱鳞云杉、密苍杉、垂枝杉、垂枝云杉、川云杉、麦吊杉

形态特征：常绿乔木，高达30米，胸径达1米；树皮淡灰褐色，裂成不规则的鳞状厚块片固着于树干上。大枝平展，树冠尖塔形；侧枝细而下垂，一年生枝淡黄色或淡褐黄色，有毛或无毛，二、三年生枝褐黄色或褐色，渐变成灰色；小枝上面之叶覆瓦状向前伸展；两侧及下面之叶排成两列，条形，扁平，微弯或直，长1～2.2厘米，宽1～1.5毫米，先端尖或微尖，上面有2条白粉气孔带，每带有气孔线5～7条，下面光绿色，无气孔线；球果矩圆状圆柱形或圆柱形，成熟前绿色，熟时褐色或微带紫色，长6～12厘米，宽2.5～3.8厘米；中部种鳞倒卵形或斜方状倒卵形，长1.4～2.2厘米，宽1.1～1.3厘米，上部圆，排列紧密，或上部三角形则排列较疏松；种子连翅长约1.2厘米。花期4～5月，球果9～10月成熟。

生境分布：喜光、浅根性树种，稍耐阴，在气候温凉、湿润、土层深厚、排水良好的酸性黄壤或山地棕色森林土地带，生长良好。分布于舟曲县海拔2000～2500米地带。

致危分析：种群分布范围狭窄，多散生分布于沟谷地带，由于原生生境变化导致生长和天然更新受到影响。

保护价值：我国特有树种，为国家二级珍贵树种。材质优良，为制乐器、建筑、家具、器具等良材，又是高山森林更新及荒山造林的优良树种。林下大面积的箭竹，是我国特有珍稀动物——大熊猫的主要饲料。因此，对麦吊云杉的保护，具有极重要的价值。

保护措施：就地保护，建立麦吊云杉保护小区，保护好母树及生境，促进其天然更新，进行人工育苗、栽培，扩繁种群。

岷江柏木 *Cupressus chengiana* S. Y. Hu

འབྲག་ཚའི་ཤུག་པ།

柏科 Cupressaceae　柏木属 *Cupressus*

别名：甘肃柏木

形态特征： 乔木，高达30米；枝叶浓密，生鳞叶的小枝斜展，不下垂，不排成平面，末端鳞叶枝粗，径1～1.5毫米，很少近2毫米，圆柱形；鳞叶斜方形，长约1毫米，交叉对生，排成整齐的4列，背部拱圆，无蜡粉，无明显的纵脊和条槽，或背部微有条槽，腺点位于中部，明显或不明显；二年生枝带紫褐色、灰紫褐色或红褐色，三年生枝皮鳞状剥落；成熟的球果近球形或略长，径1.2～2厘米；种鳞4～5对，顶部平，不规则扁四边形或五边形，红褐色或褐色，无白粉；种子多数，扁圆形或倒卵状圆形，长3～4毫米，宽4～5毫米，两侧种翅较宽。

生境分布： 生于海拔1200～2900米干旱阳坡。在迭部县、舟曲县白龙江干热河谷地带种群分布较为集中。

致危分析： 自然种群曾广泛分布于岷江流域、大渡河流域和白龙江流域，是三条江河流域分布区内的主要树种之一，生境变化以及岷江柏木自然更新缓慢的生物学特性，其自然群落的分布地和分布面积均日益缩小，已面临濒危的处境，亟须采取保护措施。

保护价值： 为我国特有种，国家二级保护野生植物、国家二级珍贵树种；为长江上游水土保持的重要树种和高山峡谷地区中山干旱河谷地带荒山造林的先锋树种，其材质坚硬、致密、有香气，为建筑、家具、器具等的优良用材。

保护措施： 采取就地保护措施，保护好现存的野生种群，促进天然更新。

红豆杉 *Taxus chinensis* (Pilger) Rehd.

གསོམ་ནེང་ཤིང་།

红豆杉科 Taxaceae　红豆杉属 *Taxus*

别名：观音杉、红豆树、扁柏、卷柏

形态特征： 乔木，高达30米，胸径达60～100厘米；树皮灰褐色、红褐色或暗褐色，裂成条片脱落；大枝开展，一年生枝绿色或淡黄绿色，二、三年生枝黄褐色、淡红褐色或灰褐色；叶排列成两列，条形，微弯或较直，长1～3（多为1.5～2.2）厘米，宽2～4（多为3）毫米，上部微渐窄，先端常微急尖，稀急尖或渐尖，上面深绿色，有光泽，下面淡黄绿色，有两条气孔带，中脉带上有密生均匀而微小的圆形角质乳头状突起点；雄球花淡黄色，雄蕊8～14枚，花药4～8（多为5～6）；种子生于杯状红色肉质的假种皮中，间或生于近膜质盘状的种托（即未发育成肉质假种皮的珠托）之上，常呈卵圆形，上部渐窄，稀倒卵状，长5～7毫米，径3.5～5毫米，微扁或圆，上部常具二钝棱脊，稀上部三角状具三条钝脊，先端有突起的短钝尖头，种脐近圆形或宽椭圆形，稀三角状圆形。

生境分布： 喜温暖多雨的地方，为典型的阴性树种，散生，基本无纯林存在，极少团块分布，在排水良好的酸性灰棕壤、黄壤、黄棕壤上良好生长。为我国特有树种。分布于迭部县、舟曲县。

致危分析： 生境退化，导致种群分布区域和数量缩减。

保护价值： "国宝"红豆杉是250万年前第四纪冰川时期遗留下来的珍稀濒危物种，是植物中的活化石、国家一级保护植物，全世界42个有红豆杉的国家均称其为"国宝"，是名符其实的"植物大熊猫"。叶常绿，材质纹理均匀，结构细致，硬度大，防腐力强，韧性强，为优良的建筑、桥梁、家具、器材等用材。

保护措施： 就地保护，积极开展宣传教育，提高群众保护意识；建立种群保护小区，加强人工繁育；逐步实现自然回归。

南方红豆杉 *Taxus chinensis* (Pilger) Rehd. var. *mairei* (Lemee et Levl.) Cheng et L. K. Fu

ཁྲོ་ཕྲོགས་གསོལ་མེད་ལྗང་།

红豆杉科 Taxaceae　红豆杉属 *Taxus*

俗名：血柏、红叶水杉、海罗松、榧子木、赤椎、杉公子、美丽红豆杉、蜜柏

形态特征： 本变种与红豆杉的区别主要在于叶常较宽长，多呈弯镰状，通常长2～3.5（～4.5）厘米，宽3～4（～5）毫米，上部常渐窄，先端渐尖，下面中脉带上无角质乳头状突起点，或局部有成片或零星分布的角质乳头状突起点，或与气孔带相邻的中脉带两边有一至数条角质乳头状突起点，中脉带明晰可见，其色泽与气孔带相异，呈淡黄绿色或绿色，绿色边带亦较宽而明显；种子通常较大，微扁，多呈倒卵圆形，上部较宽，稀柱状矩圆形，长7～8毫米，径5毫米，种脐常呈椭圆形。

生境分布： 喜温暖多雨的地方，为典型的阴性树种，散生，基本无纯林存在，极少团块分布，在排水良好的酸性灰棕壤、黄壤、黄棕壤上良好生长。为我国特有树种，分布于舟曲县。

致危分析： 生境退化，导致种群分布地和数量急剧缩减。

保护价值： 国家一级保护野生植物、列入《世界自然保护联盟濒危物种红色名录》，为优良珍贵树种。材质坚硬，心材赤红，质坚硬，耐腐力强，可用于建筑、家具；可作观赏树种；种子可入药。

保护措施： 就地保护，加强宣传教育，提高群众保护意识；建立种群保护小区，开展人工培育扩繁其种质。

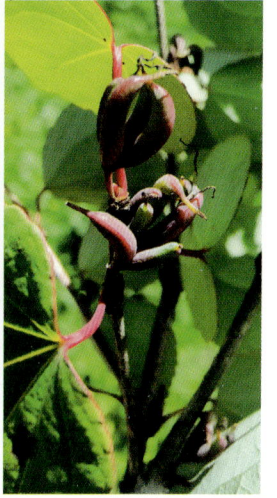

连香树 *Cercidiphyllum japonicum* Siebold et Zucc.

འབྲས་དཀར་སྟོན་ཤིང་།

连香树科 Cercidiphyllaceae 连香树属 *Cercidiphyllum*

形态特征： 高大落叶乔木，高达20米；树皮灰色；小枝无毛，短枝在长枝上对生；芽鳞褐色；短枝之叶近圆形、宽卵形或心形，长枝之叶椭圆形或三角形，长4～7厘米，宽3.5～6厘米，具圆钝腺齿，两面无毛，下面灰绿色，掌状脉7；叶柄长1～2.5厘米，无毛。花两性，雄花常4朵簇生，近无梗，苞片花期红色，膜质，卵形；雌花2～5（～8）朵，簇生；蓇葖果2～4个，荚果状，长1～1.8厘米，褐或黑色，微弯，先端渐细，花柱宿存；果柄长4～7毫米；种子数个，扁平四角形，长2～2.5毫米，褐色。花期4月，果期8月。

生境分布： 常散生在海拔650～2700米的山谷边缘或林中开阔地的杂木林中，深根性、抗风、耐湿，生长缓慢，结实稀少，萌蘖性强，根基部常萌生多枝。分布于迭部县、舟曲县。

致危分析： 由于结实率低，幼苗易受暴雨、病虫等危害，故天然更新极困难，林下幼树极少，加之前期森林及其生长原生环境遭到严重破坏，致使连香树分布区逐渐缩小，日益萎缩，成片植株更为罕见。如不及时保护，连香树要陷入灭绝的境地。

保护价值： 第三纪古热带植物的孑遗种单科植物，是较古老原始的木本植物，雌雄异株，结实较少，天然更新困难，资源稀少，已濒临灭绝状态，因此被列入第一批《中国珍稀濒危保护植物名录》《中国植物红皮书》、第一批《国家珍贵树种名录》和第一、二批《国家重点保护野生植物名录》，国家二级保护野生植物种、中国二级稀有保护植物、国家二级珍贵树种。

保护措施： 就地保护，加强森林资源管理，在分布区内建立保护小区，进行人工繁育；加大宣传保护力度，减少人为干扰；另外积极采取迁地保护，人工培育扩繁种质。

水青树 *Tetracentron sinense* Oliv.

ཐྱོན་པ་ཤེང་ཤིང་།

水青树科 Tetracentraceae　水青树属 *Tetracentron*

形态特征： 乔木，高可达30米，胸径达1.5米，全株无毛；树皮灰褐色或灰棕色而略带红色，片状脱落；长枝顶生，细长，幼时暗红褐色，短枝侧生，距状，基部有叠生环状的叶痕及芽鳞痕；叶片卵状心形，长7～15厘米，宽4～11厘米，顶端渐尖，基部心形，边缘具细锯齿，齿端具腺点，两面无毛，背面略被白霜，掌状脉5～7条，近缘边形成不明显的网络；叶柄长2～3.5厘米；花小，呈穗状花序，花序下垂，着生于短枝顶端，多花；花直径1～2毫米，花被淡绿色或黄绿色；雄蕊与花被片对生，长为花被2.5倍，花药卵珠形，纵裂；心皮沿腹缝线合生；果长圆形，长3～5毫米，棕色，沿背缝线开裂；种子4～6，条形，长2～3毫米。花期6～7月，果期9～10月。

生境分布： 喜阳光，深根性，适宜生长于气候凉、湿润、排水良好的酸性土壤。零星分布于杂木林中，在迭部县、舟曲县零星分布。

致危分析： 人为活动影响较大，目前仅残留于深山、峡谷、溪边或陡坡悬崖处。

保护价值： 濒危种，水青树是中国的稀有珍贵树种，系第四纪以来留下的活化石，为中国特有种；为单种属植物，该物种已被列为国家二级重点保护野生植物、中国二级珍稀濒危保护植物、国家二级珍贵树种；水青树是古老的孑遗植物，此树种起源古老，系统位置孤立，生态环境特殊，对研究被子植物的起源具有重要的价值；在被子植物中，它的木材无导管，对研究我国古代植物区系的演化、被子植物系统和起源具有重要的科学价值。木材质坚，结构致密，纹理美观，供制家具及造纸原料等；树形美观，可作造林、观赏树及行道树。

保护措施： 就地保护，保护好现存零星分布的单株，并组织研究育苗、扩繁、造林，不断增加种群数量。

华榛 *Corylus chinensis* Franch.

ཏ་གྲིན།

桦木科 Betulaceae　榛属 *Corylus*

形态特征： 乔木，高可达20米；树皮灰褐色，纵裂。枝条灰褐色，无毛；小枝褐色，密被长柔毛和刺状腺体；叶椭圆形、宽椭圆形或宽卵形，长8～18厘米，宽6～12厘米，顶端骤尖至短尾状，基部心形，两侧显著不对称，边缘具不规则的钝锯齿；雄花序2～8枚排成总状，长2～5厘米；果2～6枚簇生成头状，长2～6厘米，直径1～2.5厘米；果苞管状，于果的上部缢缩，较果长2倍，外面具纵肋，疏被长柔毛及刺状腺体，很少无毛和无腺体，上部深裂，具3～5枚镰状披针形的裂片，裂片通常又分叉成小裂片；坚果球形，长1～2厘米，无毛。果期9～10月。

生境分布： 常与其他阔叶树种组成混交林，居于林分上层或生于林缘。根系发达，生长较快，喜温凉、湿润的气候环境和肥沃、深厚、排水良好的中性或酸性的山地黄壤和山地棕壤。生于海拔2000～3500米的湿润山坡林中。零星或散生于迭部县、舟曲县。

致危分析： 天然更新困难，分布面积日益缩小，资源锐减，目前不仅大树罕见，残存植株也较稀少。有被其他阔叶树种更替而陷入濒危绝灭的境地。

保护价值： 我国特有稀有珍贵树种，列为中国珍稀濒危保护植物，是榛属中罕见的大乔木，生长较快，其材质优良，种子供食用，有"坚果之王"的称呼，与扁桃、胡桃、腰果并称为"四大坚果"；是极好的庭园观赏树和庭荫树；华榛抗污染能力强，对粉尘的吸滞能力强，能使空气得到净化。

保护措施： 采取就地保护措施，保护好现有母树，采种育苗，扩繁种质。

紫斑牡丹 *Paeonia rockii* (S. G. Haw & Lauener) T. Hong & J. J. Li

ཤིང་པད་མ་སྨུག་པོ།

毛茛科 Ranunculaceae   芍药属 *Paeonia*

形态特征：落叶灌木，高50~150厘米；小枝圆柱形，微具条棱，基部具鳞片状鞘；叶通常为二回三出复叶，长约30厘米；顶生小叶宽卵形，长8~9厘米，宽5~6厘米，通常不裂，稀3裂至中部，下面灰绿色，疏被长柔毛；小叶柄长2.5~3.5厘米；花大，单生枝端，直径8~10厘米，花梗4~6厘米；花瓣10~12片，白色，宽倒卵形，长6~10厘米，宽4~8.2厘米，内面基部具有深紫色斑块；雄蕊多数，黄色，长1.8~2.5厘米；菁葖果长2~4厘米，直径约1.5厘米，密被黄色短柔毛，顶端具喙；种子倒圆锥形，长约8毫米，黑色，有光泽。花期5月，菁葖果8月下旬或9月上旬开裂、种子成熟。

生境分布：耐寒、耐旱、适应性强；生长于海拔1100~2800米的山坡林下灌丛中聚群或散生。分布于迭部县、舟曲县。

致危分析：既是观赏植物，又是重要的药用植物，因此人为干扰极为严重，又因天然繁殖力弱，分布区种群数锐减。列入《世界自然保护联盟濒危物种红色名录》——易危（VU）。

保护价值：国家一级重点保护野生植物、中国稀有濒危保护植物。紫斑牡丹是中国最大的两个牡丹品种群中原牡丹品种群和西北牡丹种群的重要原种，也是中国特有的濒危物种，是所有野生牡丹中受威胁程度高的种类，具有极高的种植保存价值。根皮供药用，称"丹皮"，为镇痉药，能凉血散瘀，治中风、腹痛等症。

保护措施：就地保护，加强种质抢救性保护和管理，保护原生生境及残存植株，严禁盗挖破坏；迁地保护，有相关育苗技术单位可开展采种繁育，扩繁种群。

四川牡丹 *Paeonia szechuanica* W. P. Fang

ཤེ་ཁྲོན་ཞིང་པད་མ།

毛茛科 Ranunculaceae 芍药属 *Paeonia*

形态特征：落叶灌木，各部均无毛，茎高0.7～1.5米；树皮灰黑色，片状脱落，分枝圆柱形，基部具宿存的鳞片；叶为三至四回三出复叶，小叶片长10～15厘米，叶柄长3.5～8厘米；顶生小叶卵形或倒卵形，长3.2～4.5厘米，3裂达中部或近全裂，裂片再3浅裂，先端渐尖，基部楔形，上面深绿色，下面淡绿色；侧生小叶卵形或菱状卵形，长2.5～3.5厘米，3裂或不裂而具粗齿；小叶柄长1～1.5厘米；花单生枝顶，径10～15厘米，花瓣9～12枚，玫瑰或红色，倒卵形，长3.5～7厘米，先端呈不规则波状或凹缺。花期5月，蓇葖果8月下旬或9月上旬开裂、种子成熟。

生境分布：喜光植物，喜生于多刺灌丛中，多见于东南坡，东坡较少，偶见于北坡和西南坡。在甘南分布范围狭窄，仅迭部县有小居群分布。

致危分析：由于花色艳丽，其根皮入药，受人为活动影响较大，生境变化导致数量锐减，又因天然繁殖力弱，分布区及种群数逐渐缩小。

保护价值：国家二级保护野生植物、中国二级珍稀濒危保护植物；列入《世界自然保护联盟濒危物种红色名录》——濒危（EN）。四川牡丹是较为理想的花卉资源，芍药属系统孤立，对牡丹组尤其是本种的研究，显得十分必要；根皮可药用；该种分布区极狭窄，如不加以保护，容易灭绝。

保护措施：就地保护，加强资源保护管理，严禁盗挖破坏，进一步调查种质分布区域，保护原生生境，建立保护小区，积极开展种质繁育，不断扩繁种群数量。

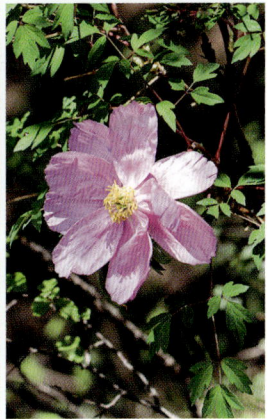

领春木　*Euptelea pleiosperma* Hook. f. et Thoms.

ཚ་ཁམ་ཤིང་།

领春木科 Eupteleaceae　领春木属 *Euptelea*

形态特征： 落叶灌木或乔木，高2～15米；树皮紫黑色或棕灰色；小枝无毛，紫黑色或灰色；叶纸质，卵形或近圆形，少数椭圆卵形或椭圆披针形，长5～14厘米，宽3～9厘米，先端渐尖，有1突生尾尖，长1～1.5厘米，基部楔形或宽楔形，边缘疏生顶端加厚的锯齿，下部或近基部全缘；叶柄长2～5厘米，有柔毛后脱落；花丛生；花梗长3～5毫米；雄蕊6～14，长8～15毫米，花药红色，比花丝长；心皮6～12，子房歪形，长2～4毫米，柱头面在腹面或远轴，斧形，具微小黏质突起，有1～3（～4）胚珠；翅果长5～10毫米，宽3～5毫米，棕色，子房柄长7～10毫米，果梗长8～10毫米；种子1～3个，卵形，长1.5～2.5毫米，黑色。花期4～5月，果期7～8月。

生境分布： 零星或散生于海拔900～2600米林缘、溪边杂木林中。分布于舟曲县、迭部县。

致危分析： 分布范围虽广，但因自然生境恶化，更新能力弱，生长发育和天然更新受到一定的限制，分布范围正日益缩小，植株数量急剧减少。

保护价值： 第三纪孑遗植物和中国二级珍稀濒危保护植物，对于研究古植物区系和古代地理气候有重要的学术价值；纹理美观，可作高档家具用材，也是优美的庭院树种。

保护措施： 就地保护，加强保护管理，积极开展人工繁育，扩繁种群。在开展森林抚育和低效林改造时应该区分种质，保留幼苗幼树。

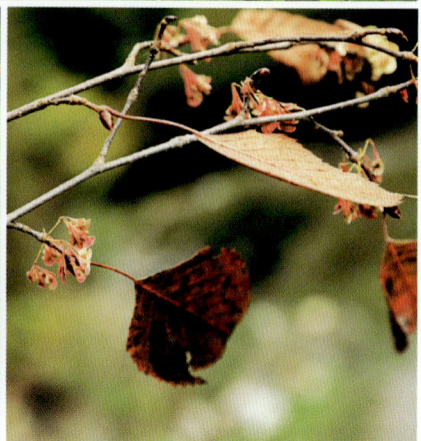

胡桃楸 *Juglans mandshurica* Maxim.

རེ་སྐྱེས་སྤར་སྟོང་།

胡桃科 Juglandaceae 胡桃属 *Juglans*
别名：山核桃、核桃楸、野核桃、华东野核桃

形态特征： 落叶乔木，高达20余米；树皮灰色；奇数羽状复叶长40～50厘米，小叶15～23，椭圆形、长椭圆形、卵状椭圆形或长椭圆状披针形，具细锯齿，上面初疏被短柔毛，后仅中脉被毛，下面被平伏柔毛及星状毛，侧生小叶无柄，先端渐尖，基部平截或心形；雄柔荑花序长9～20厘米，花序轴被短柔毛。雄蕊常12枚，药隔被灰黑色细柔毛；雌穗状花序具4～10花，花序轴被茸毛；果序长10～15厘米，俯垂，具5～7果；果球形、卵圆形或椭圆状卵圆形，顶端尖，密被腺毛，长3.5～7.5厘米；果核长2.5～5厘米，具8纵棱，2条较显著，棱间具不规则皱曲及凹穴，顶端具尖头；种仁小。花期5月，果期8～9月。

生境分布： 耐寒耐旱，抗风力强，多生于土质肥厚、湿润、排水良好的沟谷两旁或山坡的阔叶林中。在舟曲县拱坝河流域有种群分布，范围狭窄。

致危分析： 生境变化和天然更新困难，致使本种野生乔木单株少见，均呈灌丛状生长。

保护价值： 是我国三大珍贵阔叶树种之一，国家二级珍贵树种、中国稀有濒危保护植物，具有芳香树脂；种子富含油脂，果实可以用来榨油；种仁、青果、树皮均入药；因其株形优美，秋叶金黄，可用作园景树、行道树及庭荫树等。

保护措施： 就地保护，保护现有野生种群，加强宣传，提高群众保护意识；迁地保护，采集种子进行人工繁育；逐步实现自然回归。

甘肃桃 *Amygdalus kansuensis* (Rehd.) Skeels

ཀན་སུའུ་ཁམ་སྟོང་།

蔷薇科 Rosaceae   桃属 *Amygdalus*

形态特征： 乔木或灌木，高3～7米；小枝细长，无毛，绿褐色，向阳处转变成红褐色，具不明显小皮孔；叶片卵状披针形或披针形，长5～12厘米，宽1.5～3.5厘米，在中部以下最宽，先端渐尖，基部宽楔形，上面无毛，下面近基部沿中脉具柔毛或无毛，叶边有稀疏细锯齿，齿端有或无腺体；叶柄长0.5～1厘米，无毛，常无腺体；花单生，先于叶开放，直径2～3厘米；花梗极短或几无梗；雄蕊20～30；子房被柔毛，花柱长于雄蕊；果实卵圆形或近球形，直径约2厘米，熟时淡黄色，外面密被短柔毛，肉质，熟时不开裂；果梗长4～5毫米；核近球形，两侧明显，扁平，顶端圆钝，基部近截形，两侧对称，表面具纵、横浅沟纹，但无孔穴。花期3～4月，果期8～9月。

生境分布： 喜光，耐旱、耐寒、耐瘠薄。常见于海拔1000～2300米的向阳的山坡下部、林区边缘、沟谷地带，零星或散生。分布于夏河县、舟曲县。

致危分析： 由于其原生生境变化、人为活动影响，导致种群数量减少。

保护价值： 国家二级保护野生植物，甘肃桃根系发达，具有较强的抗旱、抗寒能力，从而在甘肃等地广泛用作桃砧木。与桃杂交后，杂交优势明显，后代生长健壮，对多种疾病、干旱和霜冻均具有较强抵抗力，为桃品种杂交改良的优良野生种质。

保护措施： 就地保护，建立保护小区，禁止采挖。注意在甘肃桃适生区开展森林抚育、低效林分改造时区别种质，加以保护。采种繁育，扩大种群数量。

水曲柳 *Fraxinus mandschurica* Rupr.

ཆུ་རིས་ལྕང་སྐྱ།

木樨科 Oleaceae 梣属 *Fraxinus*

形态特征：落叶大乔木，高达30米以上，胸径达2米；树皮厚，灰褐色，纵裂；小枝粗壮，黄褐色至灰褐色，四棱形，节膨大，光滑无毛，散生圆形明显凸起的小皮孔；羽状复叶长25～35（～40）厘米；叶柄长6～8厘米，近基部膨大，干后变黑褐色；叶轴上面具平坦的阔沟，沟棱有时呈窄翅状，小叶着生处具关节，节上簇生黄褐色曲柔毛或秃净；小叶7～11（～13）枚，纸质，长圆形至卵状长圆形，长5～20厘米，宽2～5厘米，先端渐尖或尾尖，基部楔形至钝圆，稍歪斜，叶缘具细锯齿，上面暗绿色，下面黄绿色；圆锥花序生于去年生枝上，先叶开放，长15～20厘米，雄花与两性花异株，均无花冠也无花萼；翅果大而扁，长圆形至倒卵状披针形，长3～3.5（～4）厘米，宽6～9毫米，中部最宽，先端钝圆、截形或微凹，翅下延至坚果基部，明显扭曲，脉棱凸起。花期4月，果期8～9月。

生境分布：生于海拔700～2100米的疏林、河谷、山地，分布于迭部县、舟曲县。

致危分析：由于其木材纹理美丽，人为干扰严重；种群自身更新能力弱，目前存留大树稀少。

保护价值：国家二级保护野生植物、国家二级珍贵树种、中国珍稀濒危保护植物。本种材质优良，心材黄褐色，边材淡黄色，纹理美丽，是名贵的商品材，供制高级家具、工具等；是优良的绿化和观赏树种；水曲柳的树皮可入药。

保护措施：就地保护，建立水曲柳种质保护小区，开展宣传教育，提升群众保护意识；开展人工繁育，逐步扩繁种群数量。

刺楸 *Kalopanax septemlobus* (Thunb.) Koidz.

ཚེར་སྐྱེལ་གྱུར་ཤིང་།

五加科 Araliaceae 刺楸属 *Kalopanax*

别名：辣枫树、茨楸、云楸、刺桐、刺枫树、鼓钉刺、毛叶刺楸

形态特征： 落叶乔木，高可达15米；树皮暗灰棕色；小枝淡黄棕色或灰棕色，散生粗刺；叶片纸质，在长枝上互生，在短枝上簇生，圆形或近圆形，直径9～25厘米，稀达35厘米，掌状5～7浅裂，基部心形，上面深绿色，下面淡绿色，边缘有细锯齿，放射状主脉5～7条，两面均明显；叶柄细长，长8～50厘米；圆锥花序大，长15～25厘米，直径20～30厘米；花两性；伞形花序组成伞房状圆锥花序；花序梗长2～6厘米；果实球形，直径约5毫米，蓝黑色。花期7～8月，果期9～10月。

生境分布： 多生于海拔1600～2000米喜光森林、灌木林中和林缘，水湿丰富、腐植质较多的密林，向阳山坡。分布于舟曲县（武坪、插岗、曲告纳）。

致危分析： 仅在舟曲县局部地方有野生分布，由于环境变化，导致种群数量减少。

保护价值： 国家二级珍贵树种，叶形美观，叶色浓绿，树干通直挺拔，满身的硬刺，适合作行道树或园林配植。此外，木质坚硬细腻、花纹明显，是制作高级家具、乐器、工艺雕刻的良好材料。树根、树皮可入药，有清热解毒、消炎祛痰、镇痛等功效。

保护措施： 就地保护，建议加强宣传教育，严禁砍伐。开展人工培育繁殖，迁地保护。

二、甘南珍稀濒危树种

黄果冷杉 *Abies ernestii* Rehd.

སྨྱིན་ཤིང་འབྲས་སེར།

松科 Pinaceae　冷杉属 *Abies*

别名：柄果枞

形态特征：常绿乔木，高达60米，胸径达2米。树皮暗灰色，纵裂成薄块状；大枝平展，上部的枝条斜上伸展，树冠尖塔形；一年生枝淡褐黄色、黄色或黄灰色，无毛或凹槽中有疏生短柔毛，二、三年生枝呈黄灰色、灰色或灰褐色；叶在枝条下面列成两列，上面之叶直立或斜上伸展，条形，弯镰状或直，不反曲，长1.5～3.5厘米，宽2～2.5毫米；果枝之叶先端微凹、微尖或尖，上面光绿色，无气孔线，稀近先端有2～4条气孔线，下面有2条淡绿色或灰白色的气孔带。雌球花紫褐黑色；球果圆柱形或卵状圆柱形，长5～10厘米，径3～3.5厘米，有短梗或近无梗，成熟前绿色、淡黄绿色或淡褐绿色，稀紫褐黑色，熟时淡褐黄色或淡褐色，稀紫褐黑色；种子斜三角形，长7～9毫米，种翅褐色或紫黑色，上部宽8～12毫米，边缘有波状细缺齿，连同种子长1.5～2.7厘米。花期4～5月，球果10月成熟。

生境分布：长于海拔2300～2700米气候较温和、棕色森林土的山地、河谷地，多在巴山冷杉–红桦混交林中散生。分布于迭部县、舟曲县等地。

致危分析：天然更新不良，树种分布稀少，亟须保护。

保护价值：我国特有树种，甘南稀有濒危野生种；分布数量少，对于保存种质有一定意义。

保护措施：就地保护，加强宣传教育，保护好现有母树、加强人工繁育，不断增加种质数量。

紫果冷杉 *Abies recurvata* Mast.

 སྟོན་ཤིང་འབྲས་སྔུག

松科 Pinaceae 冷杉 *Abies*

形态特征：常绿乔木，高达40米；树皮粗糙，呈不规则片状开裂，暗灰色或红褐色；枝条开展，较密；叶在枝条下面向两侧转上方伸展或列成两列，枝条上面之叶直或内曲，常向后反曲，条形，上部稍宽，基部窄，长1～2.5（多为1.2～1.6）厘米，宽2.5～3.5毫米，先端尖或钝，上面光绿色，微被白粉；球果椭圆状卵形或圆柱状卵形，长4～8厘米，径3～4厘米，近无梗，成熟前紫色，熟时紫褐色；种子倒卵状斜方形，长约8毫米，种翅淡黑褐色或黑色，较种子为短，先端平截，宽6～9毫米，连同种子长1.1～1.3厘米。

生境分布：生于海拔2300～3600米地带，与云杉、冷杉、青杆混生。分布于迭部县。

致危分析：生境退化、更新能力弱，导致种群数量锐减，2022年调查时发现1株，数量稀少，极为珍稀。由于生长在公路边，天然更新困难。

保护价值：我国特有树种，木材坚实耐用，可供建筑、家具及木纤维工业原料等用材；可作分布区内的造林树种。对保存物种有重要意义，列入《世界自然保护联盟濒危物种红色名录》——易危（VU）、列入《中国生物多样性红色名录——高等植物卷》（2013年9月2日）——易危（VU）。

保护措施：就地保护，在其生长区域设立保护小区，保护母树。加强宣传教育，提升当地群众保护意识。迁地保护，开展人工扩繁研究，扩大种群数量；逐步在其适生区自然回归。

紫果云杉 *Picea purpurea* Mast.

 གསོམ་དཀར་འབྲས་སྨུག

松科 Pinaceae　云杉属 *Picea*

别名：紫果杉

形态特征： 常绿乔木，树高可达30米；树皮片状剥落。小枝橙黄色，密生短柔毛上有木钉状叶枕；冬芽圆锥形，有油脂；叶锥形，螺旋状排列，辐射状斜展，长0.7～1.2厘米，宽1.6毫米，先端微钝；叶扁平有四棱，横切面扁棱形，表面有4～6条气孔带，背面有不完全的1～2条气孔带或没有；球果单生侧枝顶，长4～6厘米，成熟先后均为紫色；种鳞斜方状卵形，上部呈三角形，边缘有波状细齿；种子有膜质长翅及长3～4毫米的短柔毛。5月开花，10月果熟。

生境分布： 生于海拔2600～3800米、气候温凉、山地棕壤土地带组成的纯林或与云杉、红杉等针叶树混生成林。在碌曲、夏河、合作、临潭、卓尼、迭部、舟曲等县（市）散生或组成纯针叶林。

致危分析： 天然更新能力弱，种群扩散受阻。

保护价值： 我国特有树种，其木材优良，作飞机、乐器等用材，更是优良的森林更新树种。

保护措施： 就地保护，加强现有分布区内种质保护，开展人工繁育，进行栽培，不断扩繁种群数量。

铁杉 *Tsuga chinensis* (Franch.) Pritz.

གསོམ་སྐུ།

松科 Pinaceae 铁杉属 *Tsuga*

俗名：浙江铁杉、展枂、枂、刺柏、铁林刺、仙柏、假花板、南方铁杉

形态特征：常绿乔木，高达50米；树皮暗深灰色，纵裂，成块状脱落；大枝平展，枝稍下垂，树冠塔形直立高大，树干下部之大枝通常不脱落，侧枝展开；叶条形，排列成两列，长1.2～2.7厘米，宽2～3毫米，先端钝圆有凹缺，上面光绿色，下面淡绿色，中脉隆起无凹槽，气孔带灰绿色，边缘全缘；子叶3～4枚，条形，长约1厘米，宽1～1.8毫米，先端钝，边缘全缘，上面中脉隆起，有散生白色气孔点；球果卵圆形或长卵圆形，长1.5～2.5厘米，径1.2～1.6厘米，具短梗；种子下表面有油点，连同种翅长7～9毫米，种翅上部较窄；花期4月，球果10月成熟。

生境分布：生于2200～2600米的山区环境，在相对湿度大、气候凉润、酸性土壤及排水良好区域生长良好。分布于迭部县、舟曲县境内。

致危分析：多为零星散生，数量稀少，天然更新困难。

保护价值：第三纪残遗树种，我国特有树种，植株高大，材质坚实，耐水湿，适于作建筑、家具等用材，有一定的经济及科研价值。列入《中国植物红皮书——稀有濒危植物（第一册）》——渐危。

保护措施：就地保护，建议当地林业部门采取措施，保护母树，促进更新，开展繁育研究，扩繁种群。

红杉 *Larix potaninii* Batalin

ཐང་དམར།

松科 Pinaceae　落叶松属 *Larix*

形态特征： 落叶乔木，高达50米；树皮灰或灰褐色，粗糙纵裂；小枝下垂，一年生长枝初被毛，后渐脱落，红褐或淡紫褐色，稀淡黄褐色，二年生枝红褐或紫褐色；叶倒披针状窄线形，长1.2～3.5厘米，宽1～1.5毫米，先端渐尖，上面中脉隆起，两侧各有1～3条气孔线；球果长圆状圆柱形或圆柱形，长3～5厘米，径1.5～2.5厘米，熟时紫褐或淡灰褐色；种子斜倒卵圆形，长3～4毫米，连翅长7～10毫米。花期4～5月，球果10月成熟。

生境分布： 喜光照，适应性强，能耐干冷气候及土壤瘠薄环境，能生于森林垂直分布上限地带；生于海拔2500～4000米，与云杉等阴性针叶树种组成混交林，分布于卓尼、舟曲、迭部等县。

致危分析： 种群分布数量少，自然更新弱。

保护价值： 我国特有树种，列入《世界自然保护联盟濒危物种红色名录》，木材可供建筑、器具、家具等用途；树干可割取松脂，树皮可提栲胶、入药，可作为适生区的造林树种。红杉树生长神速，成活率高，而且树皮厚，具有很强的避虫害和防火能力，所以它被公认为世界上最有价值的树种之一。

保护措施： 就地保护，建立保护小区，严格保护现有植株和生境。加强宣传，提高保护意识。迁地保护，人工繁育；逐步实现自然回归。

松潘圆柏 *Sabina vulgaris* Ant. var. *erectopatens* Cheng et L. K. Fu

ཤུང་ཚའི་རྒྱ་ཤུག

柏科 Cupressaceae　圆柏属 *Sabina*

形态特征： 乔木，高可达20米，枝密，斜上伸展；枝皮灰褐色，裂成薄片脱落；一年生枝的分枝皆为圆柱形，径约1毫米；叶二型：刺叶常生于幼树上，稀在壮龄树上与鳞叶并存，常交互对生或兼有三叶交叉轮生，排列较密，向上斜展；鳞叶交互对生，排列紧密或稍疏，斜方形或菱状卵形，长1~2.5毫米，先端微钝或急尖；雌雄异株，稀同株；雄球花椭圆形或矩圆形；雌球花曲垂或初期直立而随后俯垂；球果生于向下弯曲的小枝顶端，熟前蓝绿色，熟时褐色至紫蓝色或黑色，多少有白粉，着生雌球花与球果的小枝直伸，较短，具2粒，稀1粒，形状各式，多为倒三角状球形，长5~8毫米，径5~9毫米；种子常为卵圆形，微扁，长4~5毫米，顶端钝或微尖，有纵脊与树脂槽。

生境分布： 阳性树种，耐寒耐旱耐瘠薄，散生于山地阳坡，在甘南分布范围狭窄，仅分布于迭部县。

致危分析： 其木材通体红色，且有清香味，故当地群众称之为"檀香木"。由于人为干扰严重，加之原生生境变化，其种质濒临灭绝。

保护价值： 经调查，松潘圆柏目前已知仅存2株古树，由于特殊保护，得以存活，但未见果实，最大胸围350厘米，高22米，冠幅12米，在甘南极为珍稀。

保护措施： 就地保护，后期继续调查野生种质分布，加强保护管理；采集种子，进行人工扩繁；迁地保护；后期逐步实现自然回归。

大果圆柏 *Sabina tibetica* Kom.

རྒྱ་ཤུག་འབྲས་བཟང་།

柏科 Cupressaceae　圆柏属 *Sabina*

别名：甘川圆柏、西康桧、藏桧、黄柏、西康圆柏、西藏圆柏

形态特征：常绿乔木，高达30米，稀呈灌木状，枝条较密或较疏；树皮灰褐色或淡褐灰色，裂成不规则薄片脱落；鳞叶绿色或黄绿色，稀微被蜡粉，交叉对生，稀三叶交叉轮生，排列较疏或紧密，长1～3毫米，先端钝或钝尖；雌雄异株或同株，雄球花近球形；球果卵圆形或近圆球形，成熟前绿色或有黑色小斑点，熟时红褐色、褐色至黑色或紫黑色，长9～16毫米，径7～13毫米，内有1粒种子；种子卵圆形，稀倒卵圆形或近圆形，微扁，长7～11毫米，径7～9毫米，基部圆，常有凸起的短钝尖；大果圆柏果实两年成熟，当球果由绿色或黄绿色变为紫黑色或黑色时，果实即为成熟。

生境分布：阳性树种，对土壤、气候要求不高，耐寒耐旱耐瘠薄，在海拔2800～4600米地带散生于林中或组成纯林，成为较稳定的建群种，甘南各县（市）均有分布，并建立了野生种群保护小区。

致危分析：由于野生纯林减少，天然更新受阻；受人为活动影响大，导致部分树木生长不良。

保护价值：我国特有树种，是优良的乡土树种，为本区的主要森林树种，果和叶可入药。列入《世界自然保护联盟红色名录》（IUCN）——易危（VU）。

保护措施：就地保护，建议加强现有种质保护管理，并进行宣传教育，提高保护意识；采种繁育，扩繁种质。

祁连圆柏 *Sabina przewalskii* Kom.

མདོ་ལའི་རྒྱ་ཤུག

柏科 Cupressaceae　圆柏属 *Sabina*

形态特征： 常绿乔木，高达12米，稀灌木状；树干直或略扭，树皮灰色或灰褐色，裂成条片脱落；枝条开展或直伸，枝皮裂成不规则的薄片脱落；小枝不下垂，一年生枝的一回分枝圆，二回分枝较密，近等长，方圆形或四棱形，叶有刺叶与鳞叶，幼树之叶通常全为刺叶，壮龄树上兼有刺叶与鳞叶，大树或老树则几全为鳞叶；鳞叶交互对生，排列较疏或较密，菱状卵形；刺叶3枚交互轮生，三角状披针形，有白粉带，中脉隆起；雌雄同株，雄球花卵圆形，长约2.5毫米，雄蕊5对，花药3；球果卵圆形或近圆球形，长8~13毫米，成熟前绿色，微具白粉，熟后蓝褐色、蓝黑色或黑色，微有光泽，有1粒种子；种子扁方圆形或近圆形，稀卵圆形，两端钝，长7~9.5毫米，径6~10毫米。

生境分布： 常生于海拔2600~4000米地带之阳坡，耐旱性强。在甘南分布于舟曲县、迭部县、卓尼县、临潭县、夏河县、碌曲县。

致危分析： 原生生境退化，天然更新不良，野生种群减少。

保护价值： 我国特有树种，木材结构细致，耐久用，可供建筑、家具、农具及器具等用，也可作分布区内干旱地区的造林树种。近年在甘南荒山造林、城市绿化中广泛栽培，正常结实，生长较好。

保护措施： 就地保护现有母树，进行人工繁育、造林，扩大种群数量。

方枝柏 *Sabina saltuaria* (Rehd. et Wils.) Cheng et W. T. Wang

ཤུག་པ་རིགས་ཤིག

柏科 Cupressaceae 圆柏属 *Sabina*

俗名：木香、方枝桧、方香柏、西伯利亚方枝柏

形态特征：常绿乔木，高达15米。树皮灰褐色，裂成薄片状脱落；枝条平展或向上斜展，树冠尖塔形；小枝四棱形，通常稍成弧状弯曲，径1~1.2毫米；鳞叶深绿色，二回分枝上之叶交叉对生，成四列排列，紧密，菱状卵形，长1~2毫米，先端钝尖或微钝，微向内曲，背面微圆或上部有钝脊；一回分枝上之叶三叶交叉轮生，先端急尖或渐尖，长2~4毫米，背面腺体较窄长；幼树之叶三叶交叉轮生，刺形；雌雄同株，雄球花近圆球形，长约2毫米，雄蕊2~5对，药隔宽卵形；球果直立或斜展，卵圆形或近圆球形，长5~8毫米，熟时黑色或蓝黑色，无白粉，有光泽；种子1粒，卵圆形，径3~5毫米。

生境分布：在甘南洮河、白龙江流域零星或散生分布，生于海拔2400~4300米山地阳坡、半阳坡，耐瘠薄，多与圆柏、耐旱杂灌等混生。分布于迭部县、舟曲县、卓尼县、碌曲县。

致危分析：生境退化导致野生植株长势不良，更新困难。

保护价值：我国特有树种，木材结构细致、坚实耐用，可供建筑、家具、器具等用材，可作分布区干旱阳坡的造林树种。列入《中国生物多样性红色名录——高等植物卷》（2013年）——无危（LC）。

保护措施：就地保护现有母树，进行人工繁育、造林，扩大种群数量。

密枝圆柏 *Sabina convallium* (Rend. et Wils.) Cheng et W. T. Wang

ཤུག་པ་དུ་འཚབ།

柏科 Cupressaceae　圆柏属 *Sabina*

形态特征： 乔木，高达20米；枝条直或开展，多分枝，枝皮灰褐色，裂成不规则的片状脱落；小枝近弧形或直，下垂，生鳞叶的一年生枝具多数分枝，一回及二回分枝细直，稍向上展，其上的鳞叶交叉对生，稀三叶交叉轮生，排列紧密，三回分枝直或微弯，开展；刺叶仅生于幼树上，三叶交叉轮生或交叉对生，斜展；雌雄异株或同株，雄球花卵圆形或近球形，长1.5～2.5毫米，雄蕊通常5对，花药3～4，药隔宽卵形，先端圆；球果锥状卵圆形或圆球形，生于通常弯曲（稀直而不曲）的小枝顶端，长6～8（～10）毫米，径5～8毫米，熟时红褐色或暗褐色，无白粉，稍有光泽，有1粒种子；种子锥状球形，径5～6毫米。

生境分布： 阳性树种，耐寒耐旱，阳坡组成小片纯林，或散生于山谷。在迭部、舟曲、碌曲、卓尼等县海拔2500～3700米的高山地带分布。

致危分析： 现存天然种群数量少，生境退化导致其更新受限。

保护价值： 我国特有树种，木材材质优良，可供建筑、桥梁、车辆、家具及器具等用；能生于比较干燥的阳坡山地，可作分布区的造林树种。

保护措施： 就地保护，严格保护现有种群，分布区建立保护小区，通过天然更新逐步恢复种群数量。

冬瓜杨 *Populus purdomi*i Rehd.

ཀྱན་དཀར་དབྱར་ག

杨柳科 Salicaceae 杨属 *Populus*

形态特征：落叶乔木，高达30米；树皮幼时灰绿色，老时暗灰色，纵裂，呈片状；小枝圆柱形，无毛，浅黄褐色或灰色；叶卵形或宽卵形，长7～14厘米，宽4～9厘米，先端渐尖，基部圆形或近心形，边缘细锯齿或圆锯齿，齿端有腺点，具缘毛，上面亮绿色，沿脉具疏柔毛，下面带白色，沿脉有毛，后渐脱落；叶柄圆柱形，长2～5厘米；萌枝叶长卵形，长达25厘米，宽达15厘米；果序长11（13）厘米，无毛；蒴果球状卵形，长约7毫米，无梗或近无梗，（2）3～4瓣裂。花期4～5月，果期5～6月。

生境分布：性喜温暖、湿润气候，较耐寒耐瘠，生于海拔700～2600米的山地或沟谷两旁，与山杨混生或散生于杂木林中。夏河县、临潭县、卓尼县、迭部县、舟曲县均有分布。

致危分析：由于环境变化，致使部分植株干枯，人为干扰导致野生资源减少。

保护价值：树干通直，节少，材质细致洁白，柔韧，不易翘裂，易干燥、是良好的胶合板、火柴杆、生活及建筑用材，同时纤维含量高，可作造纸及人造纤维原料；可列为本区良好的造林绿化树种。

保护措施：就地保护，进行人工繁育，扩繁种群。

光皮冬瓜杨 *Populus purdomii* Rehd. var. *rockii* (Rehd.) C. F. Fang et H. L. Yang

ཤུང་ནེན་དཀར་ག

杨柳科 Salicaceae　杨属 *Populus*

别名：陇南杨

形态特征： 落叶乔木，高达30米；树皮幼时灰绿色，老时暗灰色，纵裂，呈片状；树冠圆形；小枝圆柱形，无毛，浅黄褐色或灰色；芽急尖，无毛，有黏质；叶卵形或宽卵形，长7～14厘米，宽4～9厘米，先端渐尖，基部圆形或近心形，边缘细锯齿或圆锯齿，齿端有腺点，具缘毛，上面亮绿色，沿脉具疏柔毛，下面带白色，沿脉有毛，后渐脱落；叶柄圆柱形，长2～5厘米；蒴果球状卵形，长约7毫米，无梗或近无梗，（2）3～4瓣裂。花期4～5月，果期5～6月。

光皮冬瓜杨与原变种的区别：树皮光滑，不为片状剥裂。

生境分布： 喜光，喜肥沃、疏松土壤，生长于海拔1000～1800米的山区林缘地带或杂灌林中，与白桦、山杨等混生，分布范围狭窄，仅发现分布于迭部县。

致危分析： 种群数量较少，生长环境受人为干扰强烈，数量减少。

保护价值： 模式标本采自迭部县旺藏镇。

保护措施： 就地保护，严格保护现有野生种质，进行扦插繁殖，扩繁种质。

甘南沼柳 *Salix rosmarinifolia* Linn. var. *gannanensis* C. F. Fang

གན་ལྕང་ན་ལྷུང་།

杨柳科 Salicaceae　柳属 *Salix*

形态特征： 灌木，高达0.5～1米；树皮褐色；小枝纤细，褐色或带黄色，无毛，幼枝有白茸毛或长柔毛；叶线状披针形或披针形，长2～6厘米，宽3～10毫米，先端和基部渐狭，上面常暗绿色，无毛，下面苍白色、或有白柔毛或白茸毛，嫩叶两面有丝状长柔毛或白茸毛，侧脉10～12对；叶柄短；无托叶；花序先叶开放或与叶同时开放；雄花序近无花序梗，长1.5～2厘米，雄蕊2，花丝离生，无毛，花药黄色或暗红色；苞片倒卵形，钝头，先端暗褐色，有毛；腺体1，腹生；雌花序初生时近圆形，后为短圆柱形，近无花序梗；子房为卵状短圆锥形，有长柔毛，柄较长，花柱无，柱头长0.8毫米，4裂；全缘或浅裂；苞片同雄花；腺体1，腹生。花期5月，果期6月。

生境分布： 生于海拔2200米的山坡林缘。拟分布于临潭县境内。

保护价值： 是良好的固沙树种，其叶可为饲料；枝可编筐；树皮含单宁8.92%。

致危分析： 由于环境变化，致使本种野生植株分布数量稀少。

保护措施： 就地保护，保护其原生生境和野生植株，开展人工繁育，逐步自然回归。

（在本次调查中未采集到标本，也未见到以前林业工作者采集的实物标本和照片，在此处列出，仅做记录，待林业工作者继续查证。此处附采集记录标本，仅供学习参考。）

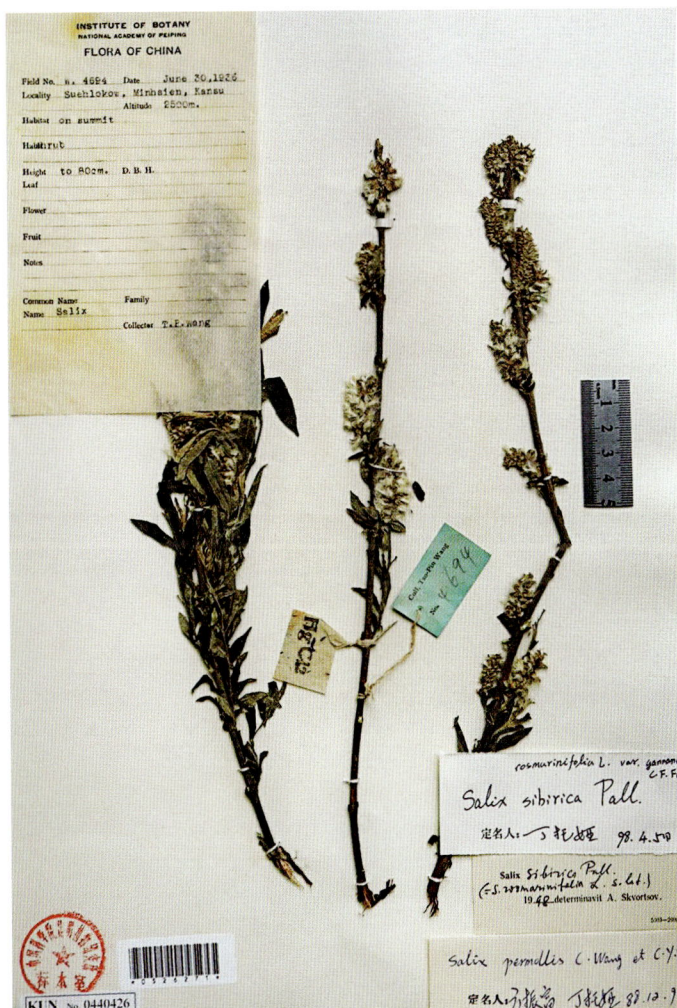

甘肃枫杨　*Pterocarya macroptera* Batalin

ཀན་སུའུ་དཞར་དཀར།

胡桃科 Juglandaceae　枫杨属 *Pterocarya*
别名：麻柳、水麻柳

形态特征： 落叶乔木，高达15米；树皮褐色；枝褐色，具灰黄色皮孔；奇数羽状复叶长23～30（稀达40）厘米，叶柄长4～8厘米，与叶轴一同被有粗而短的灰黄色星芒状毛及细长的单柔毛；小叶7～13枚，边缘具细锯齿，侧脉16～18对，略成弧状弯曲，至叶缘环状联结；雄性柔荑花序3～4条，各由芽鳞痕腋内生出，长10～12厘米；雌性柔荑花序顶生于叶丛上方，长约20厘米；果序长45～60厘米，果序轴被毡毛；果实无梗，直径7～9毫米，基部圆形，顶端阔锥形；果翅不整齐椭圆状菱形，长2～3厘米，宽约2厘米；果实及果翅或多或少被毛及盾状着生的腺体；内果皮壁内显著具有充满疏松的薄壁细胞的空隙。花期5月，果期8～9月。

生境分布： 生长于海拔1600～2700米的林内、河谷地带，形成天然纯林。适应性强，对土壤要求不严，在酸性至微碱性土壤均能生长。分布于舟曲县。

致危分析： 在甘南种群分布范围狭窄，受人为干扰较大，更新困难。

保护价值： 树冠宽广，枝叶茂密，生长快，材质优良，用途广泛，是固堤护岸的优良用材树种。

保护措施： 就地保护，保护好现有种群，加大管理力度，加强宣传教育，开展繁育研究，培育栽植，进一步拓展其适生区。

刺叶高山栎 *Quercus spinosa* David ex Franch.

ཤེ་ཤིང་ཚེར་ལོ་ཅན།

壳斗科 Fagaceae　栎属 *Quercus*

别名：刺叶栎、川西栎

形态特征：常绿乔木或灌木，高达15米；小枝幼时被黄色星状毛，后渐脱落；叶面皱褶不平，叶片倒卵形、椭圆形，长2.5～7厘米，宽1.5～4厘米，顶端圆钝，基部圆形或心形，叶缘有刺状锯齿或全缘，幼叶两面被腺状单毛和束毛，老叶仅叶背中脉下段被灰黄色星状毛，其余无毛；雄花序长4～6厘米，花序轴被疏毛；雌花序长1～3厘米。壳斗杯形，包着坚果1/4～1/3，直径1～1.5厘米，高6～9毫米；坚果卵形至椭圆形，直径1～1.3厘米，高1.6～2厘米。花期5～6月，果期翌年9～10月。

生境分布：零星或散生于海拔1800～2300米的山坡、山谷森林中，常生于岩石裸露的峭壁上。分布于迭部县、舟曲县。

致危分析：残存种群稀少，现存多为天然更新幼树。

保护价值：种子富含淀粉，可食用或酿酒；果子外壳和树皮富含鞣质，可提取栲胶；木材非常坚硬，可供家具车辆用材；是珍贵的硬材树种，而且韧性不错。

保护措施：就地保护，加强宣传保护，保护残存母树，采种进行繁育。

匙叶栎 *Quercus dolicholepis* A. Camus

ཤེ་ཤིང་རོར་ལོ་ཅན།

壳斗科 Fagaceae　栎属 *Quercus*

形态特征： 常绿乔木，高达16米；幼枝被灰黄色星状柔毛，后渐脱落；叶革质，倒卵状匙形或倒卵状椭圆形，长2～8厘米，宽1.5～4厘米，先端短钝尖，稀钝圆，基部宽楔形、近圆或浅心形，具锯齿，稀近全缘，幼叶两面被星状毛，老叶上面近无毛，下面疏被毛，侧脉7～8对；叶柄长4～5毫米，被茸毛；壳斗杯状，连小苞片高约1厘米，径约2厘米，小苞片线状，长约5毫米，被灰白色微柔毛，直立或下弯，顶部向壳斗内弯；果卵圆形或近球形，长1.2～1.7厘米，径1.3～1.5厘米。花期3～5月，果期翌年10月。

生境分布： 喜光，耐干旱瘠薄土壤，不耐水湿，多生于阳坡，在混交林中，高生长迅速，生于海拔1700米的山地森林中。分布于舟曲县拱坝河流域，分布范围狭窄。

致危分析： 生于向阳坡或林缘地带，零星分布，在森林抚育中作为杂灌木清理，也受当地采樵影响。

保护价值： 木材坚硬、耐久，可供制车辆、家具用材；种子含淀粉，树皮、壳斗含单宁可提取栲胶。

保护措施： 在调查中未发现其分布居群，进一步调查分布范围，采取就地保护措施，严格保护现有植株。

亮叶桦 *Betula luminifera* H. Winkl.

ষ্পাৰ্শৰ্শৰ্শ্ৰশৰ্শ

桦木科 Betulaceae　桦木属 *Betula*

别名：光皮桦、大翅桦、尖叶桦、大叶椰、桦角、花胶树、狗啃木

形态特征： 高大乔木，高达25米；树皮光滑；幼枝密被黄色柔毛及稀疏树脂腺体；叶卵状椭圆形、长圆形或长圆状披针形，长4.5～10厘米，先端渐尖或尾尖，基部圆、近心形或宽楔形，幼时密被柔毛，后脱落，下面密被树脂腺点，具不规则刺毛状重锯齿，侧脉12～14对；叶柄长1～2厘米，密被长柔毛及树脂腺体；雌花序单生，细长圆柱形，序梗长1～2毫米，密被柔毛及树脂腺体；果苞中裂片长圆形或披针形，侧裂片长为中裂片1/4；小坚果倒卵形，长约2毫米，疏被柔毛，膜质翅宽为果1～2倍，部分露出苞片。花期3月下旬至4月上旬，果期5月至6月上旬。

生境分布： 喜温暖湿润气候及肥沃酸性砂质壤土，适应性强，耐干旱瘠薄，生于海拔2400米的阴坡杂灌林内。植株零星分布于舟曲县。

致危分析： 本种零星分布，数量稀少，采樵影响较大。

保护价值： 该种木材质地良好，供制各种器具；树皮、叶、芽可提取芳香油和树脂；叶、根、皮入药，具有祛湿散寒，消滞和中，解毒之功效。本种模式标本采于舟曲县瓜咱沟。

保护措施： 就地保护，严格保护现有植株；加强宣传，提升保护意识；采种繁育、栽培，扩繁种群数量。

矮桦 *Betula potaninii* Batalin

སྐྱ་ཤིང་།

桦木科 Betulaceae　桦木属 *Betula*

形态特征： 灌木或小乔木，一般高2～6米，有时为高仅1米具葡匐枝的小灌木；树皮灰褐色；枝条灰褐色，平展或下垂；小枝细瘦，褐色；叶革质，较少为厚纸质，卵状披针形、矩圆披针形有时为椭圆形，长2～5.2厘米，宽1～2.5厘米，顶端渐尖或锐尖，基部圆形，边缘具钝齿或呈刺毛状重锯齿，上面暗绿色，幼时密被长柔毛，后渐无毛，下面淡绿色，沿脉密被黄白色或白色长柔毛，后毛渐变稀，网脉间毛较少，叶脉在上面明显下陷，在下面明显隆起，密被黄褐色长柔毛；侧脉12～21（24）对；叶柄长2～5毫米，密被黄色长柔毛；果序单生，直立或下垂，矩圆状圆柱形，长1～2厘米，直径约6毫米；小坚果倒卵形，长约1.5毫米，宽约1毫米，上部密被短柔毛，具极狭的翅。花期5月，果期8月。

生境分布： 生于海拔1800～2300米之山坡、潮湿石山坡之丛林中至崖壁上，在甘南分布范围狭窄。分布于迭部县、舟曲县。

致危分析： 种群分布数量少，人为活动对其分布、生长影响较大。

保护价值： 中国特有植物。树皮可热解提取焦油，还可制工艺品，也是很好的园林绿化树种。

保护措施： 就地保护，建立种群保护小区，在加强宣传保护的同时开展人工繁育工作，扩大种群数量。

铁木 *Ostrya japonica* Sarg

མ་ཁྲེགས་ཞིང་།

桦木科 Betulacea 铁木属 *Ostrya*

形态特征：落叶乔木，高达20米，树干周围达1.8米；树皮暗灰色，粗糙，纵裂；枝条暗灰褐色，具不显著的条棱，皮孔疏生；小枝褐色，具细条棱，密被短柔毛，有时多少被毛或几无毛，疏生皮孔；叶卵形至卵状披针形，长3.5～12厘米，宽1.5～5.5厘米，顶端渐尖，基部几圆形、心形、斜心形或宽楔形；边缘具不规则的重锯齿；上面绿色，疏被短柔毛或几无毛，下面淡绿色，幼时密被短柔毛，以后渐变无毛；雄花序单生叶腋间或2～4枚聚生，下垂；果苞膜质，膨胀，倒卵状矩圆形或椭圆形，长1～2厘米，最宽处直径6～12毫米，顶端具短尖，基部圆形并被长硬毛，上部无毛或仅顶端疏被短柔毛，网脉显著；小坚果长卵圆形，长约6毫米，淡褐色，有光泽，具数肋，无毛。花期5月，果期8月。

生境分布：零星分布于海拔1760～2400米的山坡阔叶林中。分布于迭部县、舟曲县。

致危分析：分布范围狭窄，生境变化，留存植株稀少。

保护价值：珍贵的硬材树种，木材较坚硬，淡黄灰色，有光泽，供制家具及建筑材料之用。迭部县、舟曲县均有分布，迭部县首次发现3株小居群，植株生长旺盛。

保护措施：就地保护，继续研究种群分布，开展繁育工作。

千金榆 *Carpinus cordata* Bl.

ཨོ་འབོག་གསེར་ཞར།

桦木科 Betulaceae　鹅耳枥属 *Carpinus*

形态特征： 落叶乔木，高达15米；树皮灰褐色；幼枝淡褐色，被细毛，老时灰褐色，无毛，具皮孔；单叶互生，叶卵形、卵状长圆形或倒卵状长圆形，长6～13厘米，宽5厘米左右，先端渐尖，基部斜心形，叶缘具不规则重锯齿，叶上面深绿色，被柔毛或无毛，下面淡绿色，沿脉疏被长柔毛，侧脉14～20对；叶柄长2～3厘米，被长柔毛或无毛；雄柔荑花序生于上年生枝顶，长5～6厘米，雌花序生当年生枝顶，长5～15厘米，均下垂；小坚果卵圆形，长4～6毫米，棕褐色，无毛，纵肋不明显，苞片内侧基部内折裂片包果。

生境分布： 生于海拔1800～2400米的较湿润、肥沃的阴山坡或山谷杂木林中，在舟曲县有零星分布。

致危分析： 分布范围狭窄，现保存株树稀少，天然更新能力弱，种群扩散受阻。

保护价值： 叶色翠绿，树姿美观，果序奇特，具有观赏价值；木材质坚而重，可作农具；种子油可作润滑剂。

保护措施： 就地保护，保护原生生境及现存植株，以便于其正常生长及天然更新。

臭檀吴萸 *Evodia daniellii* (Benn.) Hemsl.

ཚན་དན་རྩི་ཤིང་།

芸香科 Rutaceae　吴茱萸属 *Evodia*

别名：臭檀

形态特征： 落叶乔木，高达15米；幼枝暗紫红色；奇数羽状复叶；小叶5～9，薄纸质，披针形或卵状椭圆形，长7～15厘米，先端骤短尖，基部宽楔形或近圆，具钝锯齿；聚伞圆锥花序顶生，雄花序长不及5厘米；雌花序径约8厘米，花序轴密被灰白色短毛；果瓣紫红色，长7～8毫米，两侧面被短伏毛，顶端具长3～5毫米芒尖，内外果皮约等厚，内果皮软骨质，蜡黄色，每果瓣具2种子。花期6～8月，果期9～11月。

生境分布： 散生于海拔1500～2300米山谷中，多见于林缘沟谷或平地及山坡向阳地方，喜光，耐寒，耐干旱，耐瘠薄，耐盐碱。分布于迭部县、舟曲县。

致危分析： 由于生境退化，加之人为干扰严重，天然更新困难。

保护价值： 臭檀吴萸不仅是很好的风景林树种和庭院绿化树种，而且也是优良的用材树种和经济林树种，其种子可榨油，含油量高达39.7%，用于油漆工业与桐油近似；材质坚硬，纹理美观，适作家具及细工材；花含香豆素，果实可药用。

保护措施： 就地保护，保护好现存母树，开展采种繁育，不仅可为本区造林提供备选树种，同时也是培育一种很好的蜜源植物。

兴山榆 *Ulmus bergmanniana* Schneid.

ཞིན་ཅུན་ཡོ་འབོག

榆科 Ulmaceae 榆属 *Ulmus*

形态特征： 落叶乔木，高达26米；小枝无毛，无木栓翅；芽鳞无毛；叶椭圆形、长圆状椭圆形、长椭圆形、倒卵状长圆形或卵形，长6～16厘米，先端渐窄长尖或骤长尖，尖头具锯齿，基部常偏斜，圆、心形、耳形或楔形，具重锯齿；花自花芽抽出，簇状聚伞花序，稀出自混合芽；翅果长1.2～1.8厘米，仅先端缺口柱头面被毛，余无毛，果翅淡黄白色；果核位于翅果中部或稍下，褐色或淡黄褐色；宿存花被钟形，稀下部管状，无毛；果柄较花被短，稀近等长，被毛。花果期3～5月。

生境分布： 常生于海拔2400米左右的山坡阔叶及杂木林中。分布于迭部县。

致危分析： 分布数量稀少，其多生于立地条件较差的山坡，天然更新不良。

保护价值： 中国特有植物。其木材坚实，耐久用，可作家具、器具等用材；兴山榆的叶片粗蛋白含量高，可做家畜的青饲料；也可栽培观赏。

保护措施： 采取就地保护措施，保护好现存大树，向周边群众加强宣传教育；加强对其种子扩散、萌发等机制的研究，提高种群数量。

大果榆 *Ulmus macrocarpa* Hance.

ཨོ་འབོག་མེར་པོ།

榆科 Ulmaceae　榆属 *Ulmus*
别名：黄榆、毛榆、山榆、芜荑

形态特征： 落叶乔木或灌木状，高达20米；树皮暗灰或灰黑色，纵裂；小枝有时（尤以萌芽枝及幼树小枝）两侧具对生扁平木栓翅；幼枝疏被毛；叶厚革质，宽倒卵形、倒卵状圆形、倒卵状菱形或倒卵形，稀椭圆形，长（3～）5～9（～14）厘米，先端短尾状，基部渐窄或圆，稍心形或一边楔形，两面粗糙，上面密被硬毛或具毛迹，下面常疏被毛，脉上较密，脉腋常具簇生毛；花自花芽或混合芽抽出，在去年生枝上成簇状聚伞花序或散生于新枝基部；翅果宽倒卵状圆形、近圆形或宽椭圆形，长（1.5～）2.5～3.5（～4.7）厘米，果核位于翅果中部；果柄长2～4毫米，被毛。花果期4～5月。

生境分布： 阳性树种，耐干旱，能适应碱性、中性及微酸性土壤，生于海拔2000～2200米山坡、谷地杂木林中。分布于舟曲县、迭部县等地。

致危分析： 生长立地条件差，导致天然更新不良，零星或散生，种群数量稀少。

保护价值： 本种为优良的用材树种，木材坚硬致密，不易开裂，纹理美观，适用于车辆、枕木、建筑、农具、家具等；种子还可酿酒、入药；树皮、根皮富含纤维；可供纺编、造纸、亦可提取栲胶；翅果含油量高，是医药和轻、化工业的重要原料；也是城市及乡村"四旁"绿化优良树种。

保护措施： 就地保护，在其种质分布区建立保护点，加强宣传保护，进行人工繁育，逐步扩繁种群数量。

脱皮榆 *Ulmus lamellosa* Wang et S. L. Chang ex L. K. Fu

ཨོ་འབོག་ཤུན་འཕོར།

榆科 Ulmaceae　榆属 *Ulmus*

形态特征：落叶乔木，高20米；树皮灰色或灰白色，不断的裂成不规则薄片脱落，内（新）皮初为淡黄绿色，后变为灰白色或灰色，不久又挠裂脱落，干皮上有明显的棕黄色皮孔，常数个皮孔排成不规则的纵行；小枝上无扁平而对生的木栓翅，仅在萌生枝的基部有时具周围膨大而不规则纵裂的木栓层；叶倒卵形，长5～10厘米，宽2.5～5.5厘米，先端尾尖或骤凸，基部楔形或圆，稍偏斜，叶面粗糙，密生硬毛或有毛迹，叶背微粗糙，幼时密生短毛，脉腋有簇生毛，中脉近基部与叶柄被伸展的腺状毛或柔毛，边缘兼有单锯齿与重锯齿；花常自混合芽抽出，春季与叶同时开放；翅果常散生于新枝的近基部，稀2～4个簇生于去年生枝上，圆形至近圆形，两面及边缘有密毛，长2.5～3.5厘米，宽2～2.7厘米，顶端凹，缺裂先端内曲；果核位于翅果的中部；宿存花被钟状，被短毛，花被片6，边缘有长毛；果梗长3～4毫米，密生伸展的腺状毛与柔毛。花果期3～6月。

生境分布：喜光、耐寒性强、深根性树种，生长缓慢，生于海拔1600米的山谷或山坡杂木林中，本种仅在迭部县发现2个小居群。

致危分析：种群数量少，原生生境退化，自身扩散能力受限，天然更新困难。

保护价值：该种系1979年新发现的新种，是榆树种质资源树种，在植物区系的研究上具有学术价值；列入《世界自然保护联盟濒危物种红色名录》——易危（VU）、列入《中国生物多样性红色名录——高等植物卷》（易危）。其木材坚硬致密，供制车辆、家具等。

保护措施：就地保护，加强保护管理，建立种质保护点，研究分布区域生境气候，开展人工繁育，增加种群数量。

春榆 *Ulmus davidiana* Planch. var. *japonica* (Rehd.) Nakai

དབྱིད་འབོག

榆科 Ulmaceae　榆属 *Ulmus*

形态特征：落叶乔木或灌木状，高达15米，胸径30厘米；树皮色较深，纵裂成不规则条状，幼枝被或密或疏的柔毛，当年生枝无毛或多少被毛；叶倒卵形或倒卵状椭圆形，稀卵形或椭圆形；花在去年生枝上排成簇状聚伞花序；翅果倒卵形或近倒卵形，长10～19毫米，宽7～14毫米，翅果无毛，位于翅果中上部或上部，上端接近缺口，宿存花被无毛，裂片4，果梗被毛，长约2毫米。花果期4～5月。

生境分布：属阳性树种，耐旱，耐瘠薄，对土壤要求不严，生于河岸、溪旁、沟谷、山麓及排水良好的冲积地和山坡。分布于迭部、舟曲、临潭、卓尼等县。

致危分析：受到环境变化和人为活动影响，天然更新不良。

保护价值：木材可作家具、器具、室内装修、车辆、造船、地板等用材；枝皮可代麻制绳，枝条可编筐；可作为本区造林树种；果、树皮和叶可以做药材。

保护措施：就地保护，开展繁育栽培，增加种群数量。

旱榆 *Ulmus glaucescens* Franch.

སྐྱེར་འབོག

榆科 Ulmaceae　榆属 *Ulmus*

形态特征： 落叶乔木或灌木，高可达18米，树皮浅纵裂；幼枝多少被毛，当年生枝无毛或有毛，去年生枝淡灰黄色、淡黄灰色或黄褐色，小枝无木栓翅及膨大的木栓层；叶卵形、菱状卵形、椭圆形、长卵形或椭圆状披针形，长2.5～5厘米，宽1～2.5厘米，先端渐尖至尾状渐尖，基部偏斜，楔形或圆，两面光滑无毛，稀叶背有极短之毛，脉腋无簇生毛，边缘具钝而整齐的单锯齿或近单锯齿；花自混合芽抽出，散生于新枝基部或近基部，或自花芽抽出，3～5数在去年生枝上呈簇生状；翅果椭圆形或宽椭圆形，稀倒卵形、长圆形或近圆形，长2～2.5厘米，宽1.5～2厘米，除顶端缺口柱头面有毛外，余处无毛，果翅较厚，果核部分较两侧之翅内宽，位于翅果中上部，上端接近或微接近缺口，宿存花被钟形，无毛，上端4浅裂，裂片边缘有毛，果梗长2～4毫米，密被短毛。花果期3～5月。

生境分布： 喜光，耐旱，耐寒，耐瘠薄，根系发达，生于海拔2000～2300米沟谷、山坡杂木林中。分布于迭部、临潭、卓尼、舟曲、夏河等县。

致危分析： 虽分布广泛，但受人为干扰影响较大，种群自身繁衍扩散不良。

保护价值： 木材坚实、耐用，可用器具、农具、家具等用材；耐干旱、寒冷，可作西北地区荒山造林及防护林树种；树皮纤维有黏性，可做糊料、造纸和人造棉用；果实可与面粉混为食用，是良好的木本食用植物；种子可榨油，供食用。

保护措施： 建议采取就地保护，加强宣传保护的同时，开展苗木繁育及适生区栽培，扩大种群数量。

旱榆 *Ulmus glaucescens* Franch.

黑弹树 *Celtis bungeana* Bl.

ན་འབྲུམ་སྡོང་པོ།

榆科 Ulmaceae　朴属 *Celtis*

别名：小叶朴、黑弹朴

形态特征：落叶乔木，高达10米，树皮灰色或暗灰色；当年生小枝淡棕色，老后色较深，无毛，散生椭圆形皮孔，去年生小枝灰褐色；叶厚纸质，狭卵形、长圆形、卵状椭圆形至卵形，长3～7（～15）厘米，宽2～4（～5）厘米，基部宽楔形至近圆形，稍偏斜至几乎不偏斜，先端尖至渐尖，中部以上疏具不规则浅齿，有时一侧近全缘，无毛；果单生叶腋（在极少情况下，一总梗上可具2果），果柄较细软，无毛，长10～25毫米，果成熟时蓝黑色，近球形，直径6～8毫米；核近球形，肋不明显，表面极大部分近平滑或略具网孔状凹陷，直径4～5毫米。花期4～5月，果期10～11月。

生境分布：喜光，稍耐阴，适应性强，喜土层深厚、湿润的中性壤土，较耐寒；深根性树种，抗风力强，萌蘗性强，黑弹树生长周期慢，寿命长；多生于路旁、山坡、灌丛或林边，海拔1800～2300米。在舟曲县、迭部县零星分布，现存大树稀少，极为珍稀。

致危分析：种质稀少，零星分布，种子易受外界环境刺激侵害，种子质量低，天然下种更新受限。

保护价值：木材坚硬，可供工业用材；茎皮为造纸和人造棉原料；树皮、根皮入药，具止咳平喘抗菌功效；果实榨油作润滑油；也是优良的城乡绿化树种。

保护措施：就地保护，加强管护，保护好现存古树，保障树体生长所需养分，并进行实时监测；研究繁育技术，栽培扩繁种质，迁地保护；逐步实现自然回归。

榉树 *Zelkova serrata* (Thunb.) Makino

ཡོ་འབོག་ཝོད་ཆེན།

榆科 Ulmaceae　榉属 *Zelkova*

别名：光叶榉

形态特征：乔木，高达30米，胸径达100厘米；树皮灰白色或褐灰色，呈不规则的片状剥落；当年生枝紫褐色或棕褐色，疏被短柔毛，后渐脱落；叶薄纸质至厚纸质，大小形状变异很大，卵形、椭圆形或卵状披针形，长3～10厘米，宽1.5～5厘米，先端渐尖或尾状渐尖，基部有的稍偏斜，圆形或浅心形，稀宽楔形，叶面绿，叶背浅绿，边缘有圆齿状锯齿，具短尖头，侧脉（5～）7～14对；雄花具极短的梗，径约3毫米，花被裂至中部，花被裂片（5～）6～7（～8），不等大；雌花近无梗，径约1.5毫米，花被片4～5（～6）；核果几乎无梗，淡绿色，斜卵状圆锥形，上面偏斜，凹陷，直径2.5～3.5毫米。花期4月，果期9～11月。

生境分布：阳性树种，喜光，喜温暖环境，适生于深厚、肥沃、湿润的土壤，对土壤的适应性强，生于海拔500～1900米河谷、溪边疏林中。分布于迭部县、舟曲县。

致危分析：由于受环境变化影响较大，残存种质稀少，需加强保护。

保护价值：观赏秋叶的优良树种，可孤植、丛植，也可做盆景；木材纹理细，质坚，能耐水，供桥梁、家具用材；茎皮纤维制人造棉和绳索；树皮和叶供药用。

保护措施：就地保护，加强保护宣传，提高群众保护意识，积极开展人工繁育和栽培，扩大种群数量。

大果榉 *Zelkova sinica* Schneid.

ཡོ་འབོག་འབུས་བཟང་།

榆科 Ulmaceae　榉属 *Zelkova*

形态特征： 乔木，高达20米，胸径达60厘米；树皮灰白色，呈块状剥落；一年生枝褐色或灰褐色，被灰白色柔毛，以后渐脱落，二年生枝灰色或褐灰色，光滑；叶纸质或厚纸质，卵形或椭圆形，长（1.5～）3～5（～8）厘米，宽（1～）1.5～2.5（～3.5）厘米，先端渐尖、尾状渐尖，稀急尖，基部圆或宽楔形，有的稍偏斜，叶面绿，叶背浅绿，边缘具浅圆齿状或圆齿状锯齿，叶柄长4～10毫米，被灰色柔毛；雄花1～3朵腋生，直径2～3毫米，花被（5～）6（～7）裂，裂至近中部，裂片卵状矩圆形，外面被毛，雌花单生于叶腋，花被裂片5～6，外面被细毛，子房外面被细毛；核果为不规则倒卵状球形，直径5～7毫米，顶端微偏斜，几乎不凹陷，表面光滑无毛，除背腹脊隆起外几乎无凸起的网脉，果梗长2～3毫米，被毛。花期4月，果期8～9月。

生境分布： 常生于海拔1400～2500米地带之山谷、溪旁及较湿润的山坡疏林中。分布于舟曲县。

致危分析： 目前调查已知大果榉分布面积缩减，生长立地条件差，天然更新困难。

保护价值： 特产于我国，树体高大，树形优美，是优良的观叶树种，大果榉可作为城乡绿化的优良树种，大果榉木材致密坚硬、可供家具、桥梁、车辆、造船和各类工艺品用材；茎皮可制人造棉、绳索和纸张；大果榉树皮、叶入药。

保护措施： 采取就地保护措施，减少人为干扰。采种繁育，扩繁种质数量。

蒙桑 *Morus mongolica* (Bur.) Schneid.

 སོག་ཡུལ་སྲིན་ཤིང་།

桑科 Moraceae　桑属 *Morus*
别名：裂叶蒙桑、蒇桑、岩桑

形态特征： 小乔木或灌木，树皮灰褐色，纵裂；小枝暗红色，老枝灰黑色；冬芽卵圆形，灰褐色；叶长椭圆状卵形，长8～15厘米，宽5～8厘米，先端尾尖，基部心形，边缘具三角形单锯齿，稀为重锯齿，齿尖有长刺芒，两面无毛；叶柄长2.5～3.5厘米；雄花序长3厘米，雄花花被暗黄色，外面及边缘被长柔毛，花药2室，纵裂；雌花序短圆柱状，长1～1.5厘米，总花梗纤细，长1～1.5厘米；雌花花被片外面上部疏被柔毛，或近无毛；花柱长，柱头2裂，内面密生乳头状突起；聚花果长1.5厘米，成熟时红色至紫黑色。花期3～4月，果期4～5月。

生境分布： 生于海拔800～1500米山地或林中。在迭部县、舟曲县均有零星分布。

致危分析： 由于环境变化，天然更新困难，蒙桑现存大树稀少，小径级木零星分布。

保护价值： 经研究资料显示，蒙桑应是在第四纪冰期（距今400万年）前就存在的类群，第四纪冰期中为抵御寒冷形成特有的抗寒性状，蒙桑演化过程中形成较多变种，蒙桑是较原始的一个种，列入《世界自然保护联盟濒危物种红色名录》（IUCN）——无危（LC）、列入《中国生物多样性红色名录——高等植物卷》——无危（LC）。

蒙桑韧皮纤维是高级造纸原料，脱胶后可作纺织原料；根皮入药。果实可食，植株可用作园景树。种子含脂肪油，可榨油制香皂用。

保护措施： 就地保护，保护好原生生境；开展繁育研究，迁地保护；选择不同林型自然回归。

长瓣铁线莲 *Clematis macropetala* Ledeb.

དབྱི་མོང་དཀར་སྨུག

毛茛科 Ranunculaceae　铁线莲属 *Clematis*
别名：大瓣铁线莲、石生长瓣铁线莲

形态特征： 木质藤本，长约2米；幼枝微被柔毛，老枝光滑无毛；二回三出复叶，小叶片9枚，纸质，卵状披针形或菱状椭圆形，长2～4厘米，宽1～2厘米，顶端渐尖，基部楔形或近于圆形，两侧的小叶片常偏斜，边缘有分裂，两面近于无毛，脉纹在两面均不明显；小叶柄短，长3～5厘米，微被稀疏柔毛；花蓝色，单生于当年生枝顶端；退化雄蕊成花瓣状，披针形或线状披针形，与萼片等长或微短，外面被密茸毛，内面近于无毛；花药黄色，长椭圆形，内向着生，药隔被毛；瘦果倒卵形，长5毫米，被疏柔毛，宿存花柱长4～4.5厘米，向下弯曲，被灰白色长柔毛。花期6月，果期7月。

生境分布： 生于荒山阳坡、灌丛、草坡岩石缝中及林下，在本次调查种发现该种仅分布于夏河县大夏河流域，海拔2500～2900米。

致危分析： 群众放牧或森林抚育清理枯枝造成部分单株损失，天然更新能力弱。

保护价值： 在甘南境内分布数量稀少，每种群有2～3株，濒危，夏河县首次发现。

保护措施： 就地保护；采种开展繁育研究，扩繁种群数量。

西康扁桃 *Amygdalus tangutica* (Batal.) Korsh.

ཁམས་ཕྲོགས་སྤང་ག

蔷薇科 Rosaceae　桃属 *Amygdalus*

别名：唐古特扁桃

形态特征：密生小灌木，高1～2（4）米；枝条开展，有刺；小枝灰褐色，无毛，具多数不明显小皮孔。短枝上叶多数簇生，一年生枝上叶常互生；叶片长椭圆形、长圆形或倒卵状披针形，长1.5～4厘米，宽0.5～1.5厘米，先端圆钝至急尖，有小尖头，基部楔形，两面无毛，上面暗绿色，下面浅绿色，叶边有圆钝细锯齿，侧脉5～8对；花单生，直径约2.5厘米；果实近球形或卵球形，直径1.5～2厘米，紫红色，外面密被柔毛，近无梗；果肉薄而干燥，成熟时开裂；核近球形，直径1.3～1.8厘米，顶端稍钝，基部近截形，腹缝扁而宽阔，表面具不明显浅沟纹，无孔穴。花期4～5月，果期6～7月。

生境分布：耐寒、抗旱、适应区域广泛，生于海拔1500～2600米山坡向阳处或溪流边，与小叶石积木、小叶鼠李、小檗等杂灌混生于干旱阳坡。迭部县是西康扁桃的原产地，在夏河县、卓尼县、临潭县、舟曲县有野生种群分布。

致危分析：由于受到环境变化和经济发展影响，种群分布面积缩减严重，目前保留种质区域多为立地较差的干旱山坡，结实少，天然更新困难。

保护价值：干旱地区营造水土保持林和薪炭林的优良灌木；是桃、李、杏和樱桃等的优良砧木；种仁可榨油，可作食用油；核壳是制作优质活性炭的重要原料；木材材质坚硬，可作各种雕刻用材；树的韧皮纤维细长，可用来造纸及制造人造棉；果核还可以做工艺品及玩具。

保护措施：就地保护，相对集中分布区建立保护点，提升天然更新能力。

钝核甘肃桃 *Amygdalus kansuensis* (Rehd.) Skeels var. *obtusinucleata* Y. F. Qu, X. L. Chen & Y. S. Lian

གན་སུ་ལ་ཁམ་སྟོང་གཞན་ཞིག

蔷薇科 Rosaceae 桃属 *Amygdalus*

形态特征： 落叶小乔木或灌木，高3～6米；小枝细，绿色或红褐色，无毛，老枝褐色；叶片披针状椭圆形至宽披针状椭圆形，长5～6厘米，宽1.5～2厘米，最宽处通常在近中部或中部稍上，先端多具骤尖头，基部宽楔形，有时有腺体，边缘有齿尖向内弯曲的浅细锯齿，上面无毛，下面中下部沿中脉有稀疏柔毛或无毛；果实扁圆球形，纵径1.7～2厘米，横径1.8～2.3厘米，纵径与横径的比值为0.8～0.9，密被短柔毛，淡黄色，离核；果核近球形或卵状圆球形，纵径14～16毫米，横径14～15毫米，顶端圆钝或具一小尖，基部近平截，两面有弯曲的浅沟纹，无孔穴。果期8～9月。

生境分布： 生于海拔2000米左右的干旱山地、河谷地带，本次调查发现于迭部县洛大镇境内。

致危分析： 现存株数稀少，处于人为活动频繁区域，结实正常，但更新不良。

保护价值： 钝核甘肃桃属一新变种，对于本种分布区域和居群有待进一步查证。

保护措施： 采取迁地保护措施，积极开展人工繁育工作，实现自然回归。

稠李 *Padus racemosa* (Lam.) Gilib.

ཐང་ལེ།

蔷薇科 Rosaceae　稠李属 *Padus*

形态特征： 落叶乔木，高可达15米；树皮粗糙而多斑纹，老枝紫褐色或灰褐色，有浅色皮孔；小枝红褐色或带黄褐色，幼时被短茸毛，以后脱落无毛；总状花序具有多花，长7～10厘米，基部通常有2～3叶，叶片与枝生叶同形，通常较小；花梗长1～1.5（～24）厘米，总花梗和花梗通常无毛；花瓣白色，长圆形，先端波状，基部楔形，有短爪，比雄蕊长近1倍；核果卵球形，直径8～10毫米，红褐色至黑色，光滑，果梗无毛；核有褶皱。花期4～5月，果期5～10月。

生境分布： 散生于海拔880～2500米较温暖的山区杂木林中或山坡、山谷或灌丛中。在临潭县、卓尼县、迭部县、舟曲县有分布。

致危分析： 由于稠李功用价值较高，材质颜色美丽，受威胁程度高。

保护价值： 具有很好的药用价值，树叶为主要入药；稠李的果实也富含营养物质，对人体有益。稠李的种子含油量高，是十分重要的工业用油之一。

保护措施： 就地保护，居群分布区设立保护点，加大宣传力度，保护现有种质，开展人工繁育研究。

柳叶栒子 *Cotoneaster salicifolius* Franch.

ཚེར་འབྲུམ་ལྗང་ལོ་མ།

蔷薇科 Rosaceae　栒子属 *Cotoneaster*
别名：木帚子、山米麻

形态特征： 常绿稀半常绿灌木，高达5米；枝条开展，嫩枝被茸毛，老时脱落；单叶互生，椭圆状长圆形或卵状披针形，长4～8.5厘米，宽1.5～2.5厘米，先端急尖或渐尖，基部楔形，全缘，上面无毛，具浅皱纹，下面被灰白色茸毛和白霜，叶脉显著突起；花两性，密生成聚伞状复伞房花序，密被灰白色茸毛；花瓣平展，卵形或近圆形，直径3～4毫米，先端圆钝，基部有短爪，白色；梨果近球形，径5～7毫米，成熟时深红色，具2～3小核。花期5～6月，果期8～9月。

生境分布： 生于海拔2000～2300米的山地或沟边杂木林中。在舟曲县拱坝河流域有零星分布，数量稀少。

致危分析： 由于放牧和采药对此种更新影响较大，零星分布于沟边。

保护价值： 中药材，对于治疗咳嗽、除风热有很好的疗效。

保护措施： 建议在适生区就地保护，加强人工繁育，增加种群数量。

江南花楸 *Sorbus hemsleyi* (Schneid.) Rehd.

འབྲུག་ཆའི་གཡེར་མ།

蔷薇科 Rosaceae　花楸属 *Sorbus*

别名：黄脉花楸

形态特征： 落叶乔木，高达15米；小枝无毛，圆柱形，紫褐色；单叶互生，叶长椭圆形或倒卵状椭圆形，长8～13厘米，宽3～8厘米，先端渐尖，叶缘具细重锯齿，微下卷，基部宽楔形或近圆形，叶上面深绿色，无毛，下面被灰白色茸毛；侧脉10～14对；花两性；复伞房花序有15～20朵，长2厘米左右；花梗长0.5～1.2厘米；花径约1厘米；花萼筒钟状，被白色茸毛，萼片三角状卵形，花瓣5，圆卵形，白色，内面微茸毛；梨果近球形，直径约8毫米，红色，果梗长5～8毫米。花期5～6月，果期7～8月。

生境分布： 生于海拔2100～3000米山地或沟边杂木林中，适于生长在湿润的土壤中。分布于迭部县、舟曲县。

致危分析： 本种分布稀少，由于环境变化，导致天然更新不良。

保护价值： 木材可制作器具和农具柄把等用，也可栽培作观赏树或庭院绿化。

保护措施： 就地保护现存植株，加强人工繁育研究，采种育苗，增加种群数量。

小花香槐 *Cladrastis sinensis* Hemsl.

ཆོས་མེར་སྐྱེར་གི།

豆科 Leguminosae　香槐属 *Cladrastis*

形态特征：落叶乔木，高达20米；幼枝、叶轴、小叶柄被灰褐色或锈色柔毛；奇数羽状复叶，小叶9～15枚，卵状披针形或长圆状披针形，长5～10厘米，先端渐尖或钝，基部圆或微心形，上面深绿色，无毛，下面苍白色，常沿中脉被锈色柔毛；圆锥花序顶生，长15～30厘米；花萼钟形，萼齿5，半圆形，钝尖，密被灰褐色或锈色短柔毛；花冠白或淡黄色，稀粉红色；荚果长椭圆形或椭圆形，扁平，两侧无翅，长3～8厘米，宽1～2厘米，疏被柔毛，具1～3枚种子；种子卵形，压扁。花期6～7月，果期8～9月。

生境分布：生于海拔1000～2500米的山区阳坡杂木林中。分布于迭部县、舟曲县。

致危分析：在甘南零星分布，受环境变化影响，自然更新困难。

保护价值：其材质优良，可用于建筑，也可以提取黄色染料；常栽培作庭园观赏。

保护措施：就地保护，加强人工繁育研究，增加种群数量。

黄杨 *Buxus sinica* (Rehd. & Wils.) Cheng

ཤུང་མེར།

黄杨科 Buxaceae　黄杨属 *Buxus*
别名：锦熟黄杨、瓜子黄杨、黄杨木

形态特征：常绿灌木或小乔木，高1～3米；树皮和老枝皮灰白色；小枝四棱形，带浅黄色，被短柔毛；单叶互生，革质，阔椭圆形、阔倒卵形、卵状椭圆形或长圆形，长1～3厘米，宽0.5～2厘米，先端圆或钝，常有小凹口，不尖锐，基部圆或楔形，全缘，叶面绿色，光亮；花单性，雌雄同株，花序腋生，头状，花密集；蒴果近球形，长6～8毫米，宿存花柱长2～3毫米；种子黑色，具光泽。花期4月，果期6～7月。

生境分布：生于海拔1600～2100米的山谷、溪边、杂木林下。分布于迭部县、舟曲县。

致危分析：生长缓慢，多生于离地条件较差的山地，天然下种更新困难。

保护价值：材质细致，是木雕用材的上品；由于其耐修剪，用于园林栽培，也作盆景；根、叶可入药，功能主治祛风除湿，行气活血。

保护措施：采取就地保护措施，保护现有分布的野生种群；加强种质资源保护宣传，提高群众保护野生植物意识。

山茱萸 *Cornus officinalis* Siebold & Zucc.

ཁ་ཏའི་རྒྱལ་བ།

山茱萸科 Cornaceae　山茱萸属 *Cornus*

别名：枣皮

形态特征： 落叶灌木或小乔木，高5～10米；树皮灰褐色，剥落；小枝细圆柱形，略具四棱；单叶对生，纸质，卵形，至卵状椭圆形，稀卵状披针形，长5～10厘米，宽2.5～5厘米，先端渐尖，基部楔形或近圆形，全缘，上面绿色，无毛，下面浅绿色，稀被白色贴生短柔毛；花两性，黄色，伞形花序生于枝侧，先叶开花；核果椭圆形，成熟时红色至紫红色，长约1.5厘米，直径约1厘米，核骨质，狭椭圆形，长约12毫米。种子长圆形，两端钝。花期4～6月，果期8～9月。

生境分布： 较耐阴但又喜充足的光照，通常在山坡中下部地段，阴坡、阳坡、谷地以及河两岸等地均生长良好。零星分布于舟曲县拱坝河流域海拔1000～2100米的山坡林缘。

致危分析： 由于分布区域种质数量稀少，自然更新困难。

保护价值： 果实称"萸肉"，俗名枣皮，供药用，味酸涩，性微温，为收敛性强壮药，有补肝肾止汗的功效。

保护措施： 就地保护，积极开展人工抢救保护措施，扩繁种群。

红椋子 *Swida hemsleyi* (Schneid. et Wanger.) Sojak

ཤེནག་སྲོང་ནོ།

山茱萸科 Cornaceae   梾木属 *Swida*

别名：凉生梾木、多花梾木、长花柱红椋子、细梗红椋子

形态特征：落叶灌木或小乔木，高3～5米；树皮黑灰色；幼枝红色，略有四棱，被贴生短柔毛；老枝紫红色至褐色，无毛，有圆形黄褐色皮孔；单叶对生，纸质，卵状椭圆形，长4.5～7厘米，宽2～5厘米，先端渐尖，基部圆形，边缘具微波状锯齿，上面深绿色，有贴生短柔毛，下面灰绿色，微粗糙；花两性，伞房状聚伞花序顶生，宽5～8厘米，被浅褐色短柔毛；花白色，直径7毫米；花瓣4片，披针形；核果近球形，直径4毫米，幼时紫红色，熟时变黑色；核骨质，扁球形；种子1枚。花期6月，果期8～9月。

生境分布：生于海拔2000～2700米的溪边或沟边杂木林中。分布于夏河县、临潭县、卓尼县、迭部县、舟曲县。

致危分析：现存种群少，由于人为活动和生境变化，影响天然下种更新。

保护价值：叶浓绿，白花多而密，树姿优美，可作庭院观赏和绿化树种；本种的种子榨油可供工业用；树皮入药，主治祛风止痛，舒筋活络；木材可供做器具、农具柄把等用。

保护措施：就地保护，加强宣传教育和保护，增强群众保护意识；开展人工繁育技术研究，扩大种群数量。

毛梾 *Swida walteri* (Wanger.) Sojak

 སྐྱེན་ཞིང་མཛོ་ལའི།

山茱萸科 Cornaceae 梾木属 *Swida*

俗名：车梁木

形态特征： 落叶乔木，高14米；树皮厚，黑灰色，纵裂而又横裂成块状；幼枝对生，绿色，密被贴生灰白色短柔毛，老后黄绿色，无毛；单叶对生，纸质，椭圆形或长圆椭圆形，长4～12厘米，宽2.5～4.5厘米，先端渐尖，基部楔形，全缘，上面深绿色，稀被贴生短柔毛，下面淡绿色，密被灰白色贴生短柔毛；花两性，伞房状聚伞花序顶生，花密，被灰白色短柔毛；核果球形，直径6～7毫米，成熟时黑色，近于无毛；种子1枚。花期6月，果期8～9月。

生境分布： 生于海拔2000～2500米的阳坡灌木林中或疏林中；喜温，耐寒，适应性强，较耐干旱瘠薄。分布于卓尼县、舟曲县。

致危分析： 甘南属毛梾分布区的西缘，仅有零星分布，极易受到自然灾害影响而灭绝，亟须保护。

保护价值： 木本油料植物，可食用或作高级润滑油，油渣可作饲料和肥料；木材坚硬，纹理细密、美观，可作家具、车辆、农具等用；叶和树皮可提制栲胶；又可作为"四旁"绿化和水土保持树种。

保护措施： 就地保护，加强人工繁育研究，扩大种群数量。

金钱槭 *Dipteronia sinensis* Oliv.

 སྒྲོང་ལོ་རྡོང་ཅེ་མ།

槭树科 Aceraceae　金钱槭属 *Dipteronia*
别名：双轮果、太白金钱槭

形态特征：落叶小乔木，高5～10米，稀达15米；小枝纤细，圆柱形，幼嫩部分紫绿色，较老的部分褐色或暗褐色，皮孔卵形；叶为对生的奇数羽状复叶，长20～40厘米；小叶纸质，通常7～13枚，长圆卵形或长圆披针形，长7～10厘米，宽2～4厘米，先端锐尖或长锐尖，基部圆形，边缘具稀疏的钝形锯齿，上面绿色，无毛，下面淡绿色；花白色，杂性，雄花与两性花同株，花瓣5，阔卵形，长1毫米，宽1.5毫米，与萼片互生；果实为翅果，常有两个扁形的果实生于一个果梗上，果实外围圆形或卵形的果翅，长2～2.8厘米，宽1.7～2.3厘米，嫩时紫红色，被长硬毛，成熟时淡黄色，无毛；种子圆盘形，直径5～7毫米。花期4月，果期9月。

生境分布：喜生于阴坡潮湿的杂木林或灌木林中，适宜于散射光和光片、光斑的生境；生长于海拔1000～2000米的林边或疏林中。分布于迭部县、舟曲县。

致危分析：分布范围狭窄，残留的小居群，数量稀少，人为干扰影响其种质扩散。

保护价值：果实奇特，又是中国特有的寡种属植物，在阐明某些类群的起源和进化、研究植物区系与地理分布等方面，都有较重要的价值；树姿优美，是一种有观赏价值的园林植物。

保护措施：就地保护，建立金钱槭保护小区，进行人工繁育，扩繁种群。

川甘槭 *Acer yui* Fang

ཁྲོན་གན་ཚེས་སྡོང་།

槭树科 Aceraceae 槭属 *Acer*

别名：季川槭、瘦果川甘槭

形态特征： 落叶乔木，高约7米；树皮灰褐色或深灰色，纵裂；小枝细瘦，无毛；当年生枝淡紫色或淡紫绿色，多年生枝褐色或灰褐色，有卵形或近于圆形的皮孔；单叶对生，纸质，阔卵形，基部近于圆形或钝形，长5～7厘米，宽3.5～5.5厘米，3裂，裂片边缘全缘或微呈浅波状，先端钝尖，上面深绿色，无毛，平滑，下面淡黄色或黄绿色，在脉腋被淡灰色或淡黄色的短柔毛；翅果淡黄褐色，3～5个组成伞房果序；小坚果凸起，卵圆形，长7毫米，宽5毫米，脉纹显著，被黄褐色微柔毛；果梗细瘦，长3～5毫米。果期5～7月。

生境分布： 生于海拔1800～2400米的山坡杂木林中或山谷沟边、溪旁。分布于迭部县、舟曲县。

致危分析： 现存川甘槭种质稀少，受人为活动影响大，自然繁衍困难。

保护价值： 列入《世界自然保护联盟红色名录》——濒危（EN）。

保护措施： 就地保护，加强对其生境的保护；开展人工繁育研究，扩大种群数量。

色木槭 *Acer mono* Maxim.

ཚོས་སྡོང་ཟུར་ལྔ་མ།

槭树科 Aceraceae　槭属 *Acer*

别名：五龙皮、五角枫、地锦槭、水色树、细叶槭、弯翅色木槭、色树

形态特征： 落叶乔木，高达20米；树皮粗糙，常纵裂，灰色或灰褐色；小枝细弱，无毛，当年生枝绿色或紫绿色，多年生枝灰色或淡灰色；单叶对生，纸质，轮廓近圆形，长6～10厘米，宽4～11厘米，基部心形，长5裂，裂片近三角形，先端渐尖或锐尖，全缘，上面深绿色，无毛，下面仅岩主脉或脉腋间被黄色短柔毛，叶柄长4～10厘米，细瘦；花杂性，同株，多数组成伞房花序，顶生，无毛；小坚果压扁状，翅长圆形，2枚基部合生，扁平，先端具长圆形翅，连翅长2～3厘米，张开成钝角。花期5～6月，果期8～9月。

生境分布： 生于海拔1200～2600米的山坡或山谷疏林中。分布于迭部县、舟曲县。

致危分析： 目前残存种质极少，种群自我繁衍困难。

保护价值： 具有祛风除湿，活血逐瘀的功效，用于主治风湿骨痛、骨折、跌打损伤等病症；其树姿优美，叶形秀丽，秋叶红艳，具有较高观赏价值；其木材坚硬、细致，有光泽，供建筑、车辆、乐器和胶合板等用。

保护措施： 对发现的小居群就地保护，加强其播种繁殖机制研究，扩大种群数量。

柳叶鼠李 *Rhamnus erythroxylon* Pall.

ཕོའི་མིང་བའི་ལྱང་སྒྲོང་།

鼠李科 Rhamnaceae 鼠李属 *Rhamnus*

别名：红木鼠李、黑疙瘩、黑格铃

形态特征： 落叶灌木，稀乔木，高达2米；树皮暗灰色或进黑色；小枝互生，红褐色或红紫色，平滑无毛，顶端具针刺；单叶，在长枝上互生，在短枝上簇生，叶纸质，条形或条状披针形，长3～8厘米，宽3～10毫米，顶端锐尖或钝，基部楔形，边缘有疏细锯齿，两面无毛；羽状脉，侧脉每边4～6对；花单性，雌雄异株，黄绿色，数朵簇生于短枝叶腋；核果球形，直径5～6毫米，成熟时黑色，基部有宿存的萼筒，通常有2个，稀3个分核；种子倒卵圆形，长3～4毫米，淡褐色，背面有长为种子4/5上宽下窄的纵沟。

花期5～6月，果期8～9月。

生境分布： 生于海拔1500～2200米山谷两岸、山坡灌丛中。分布于迭部县、舟曲县。

致危分析： 种群分布较少，多生长于干旱山地，自然繁衍困难，加之人为活动影响较大，亟须保护。

保护价值： 木材红色，故称"红木"，可作细木工或雕刻用材；种子可榨油；叶有浓香味。

保护措施： 就地保护，加强繁育研究，扩大种群数量。

文冠果 *Xanthoceras sorbifolia* Bunge

མཛོ་མོ་ཞིང་།

无患子科 Sapindaceae　文冠果属 *Xanthoceras*

形态特征： 落叶灌木或小乔木，高2～4米；树皮灰褐色，条裂，小枝粗壮，褐红色；奇数羽状复叶，互生；小叶7～19枚，披针形或近卵形，两侧稍不对称，顶端渐尖，基部斜楔形，边缘有锐利锯齿，上面无毛，下面疏生星状柔毛，顶生小叶通常3深裂；花杂性，同株，直径2～2.5厘米；顶生总状花序，具多花；蒴果，近球形，种子黑色而有光泽，熟时暗褐色。花期4～5月，果期6～8月。

生境分布： 分布于海拔1800～2300米干旱阳坡及沟崖灌丛中，喜光，耐旱，抗寒，耐瘠薄，适应性强。分布于迭部县、舟曲县。

致危分析： 野生文冠果在甘南分布稀少，主要分布在干旱山坡、崖坎，受人为干扰严重，自然更新困难。

保护价值： 为北方著名的观赏树种及木本油料树种，是优良的水土保持树种。木材供制家具、器具；叶可代茶用；种子嫩时可生食，熟时可榨油，供食用或工业用油，也是蜜源植物。

保护措施： 就地保护，加强野生种质引种驯化；增强群众保护意识。

漆 *Toxicodendron vernicifluum* (Stokes) F. A. Barkl.

བཀྲག་ཙི་ཤིན་པ།

漆树科 Anacardiaceae　漆树属 *Toxicodendron*

别名：瞎妮子、楂苴、山漆、小木漆、大木漆、干漆、漆树

形态特征： 落叶乔木，高达20米；具白色乳汁；树皮灰白色，粗糙，不规则纵裂。小枝粗壮，淡黄色，被棕柔毛，后变无毛，具明显叶痕和突起的皮孔；顶芽大而显著，被黄褐色茸毛；奇数羽状复叶，互生；叶柄长7～14厘米，被微柔毛，近基部膨大，半圆形；小叶9～15枚，薄纸质，卵形或卵状长圆形，长6～15厘米，宽3～7厘米，先端急尖或渐尖，基部偏斜，圆形或阔楔形，全缘；花杂性或雌雄异株，黄绿色；圆锥花序长15～30厘米，具多花，生于当年生枝上部叶腋，被微柔毛，花序轴纤细而疏散；果序下垂；核果肾形或椭圆形，略压扁，长5～6毫米，宽7～8毫米，先端锐尖，基部截形，外果皮黄色，无毛，具光泽，中果皮蜡质，内果皮淡黄色，果核坚硬。花期5～6月，果期7～10月。

生境分布： 生于海拔2000～2600米山坡、沟谷疏林中，喜光、喜温和湿润环境。分布于迭部县、舟曲县。

致危分析： 在甘南多散生于山间河谷两岸，无集中分布种群，极易受到人为、自然灾害等因素的干扰。

保护价值： 树干韧皮部割取生漆，漆是一种优良的防腐、防锈涂料，有不易氧化、耐酸、耐醇和耐高温的性能，用于建筑物、家具、电线、广播器材等；种子油可制油墨、肥皂；果皮可取蜡，做蜡烛、蜡纸；叶可提栲胶；叶、根可作土农药；木材供建筑用；干漆在中药上有通经、驱虫、镇咳的功效。

保护措施： 就地保护，加强宣传教育，增强群众保护意识；开展人工繁育，扩大种群数量。

黄连木 *Pistacia chinensis* Bunge

བཀྲག་ཤིང་སེར་པོ།

漆树科 Anacardiaceae　黄连木属 *Pistacia*

形态特征： 落叶乔木，高达20余米，树干扭曲；树皮暗褐色，呈鳞片状剥落；幼枝灰褐色，具细小皮孔，疏被微柔毛或近无毛；偶数羽状复叶，互生，有小叶5～7对，小叶对生或近对生，纸质，披针形或卵状披针形至条状披针形，长5～8厘米，宽1.5～2.5厘米，先端渐尖，基部偏斜，全缘，两面沿中脉和侧脉被卷曲微柔毛或近无毛；羽状脉，两面突起；核果倒卵状球形，略压扁，先端具小尖头，成熟时紫红色，内果皮骨质；具1粒种子。花期4～6月，果期9～10月。

生境分布： 生于海拔1000～2500米山坡、沟谷杂木林中，喜光，耐瘠薄，不耐寒，深根性，萌芽力强。分布于迭部县、舟曲县。

致危分析： 人为活动干扰较大，自然更新困难。

保护价值： 成林后具有保持水土、调节小气候、防风固土、抗污染等生态功能；木材鲜黄色，可提黄色染料，材质坚硬致密，可供家具和细工用材；种子榨油可作润滑油或制皂；幼叶可充蔬菜，并可代茶；树皮和叶可入药。

保护措施： 就地保护，加强人工繁育研究，扩大种群数量。

少脉椴 *Tilia paucicostata* Maxim.

ཨོ་ལུམ་འབྲས་དམན།

椴树科 Tiliaceae　椴属 *Tilia*

形态特征： 落叶乔木，高达12米；树皮暗灰色，深纵裂；单叶互生，叶薄革质，卵圆形，长4～10厘米，宽3～8厘米，先端短尾状渐尖，基部斜心形或斜截形，叶缘有带刺尖的粗锯齿，上面暗绿色，无毛，下面淡绿色，疏被灰柔毛；花两性，聚伞花序，黄色，具花6～8朵；核果倒卵圆形或近球形，长10毫米，直径5～6毫米，具疣状突起。花期7月，果期8月。

生境分布： 生于海拔2000～2400米的山坡林下。分布于临潭县、卓尼县、迭部县、舟曲县等。

致危分析： 由于受环境变化的影响，天然更新困难。

保护价值： 茎皮纤维代麻用；木材富有弹性，可供建筑、农具及家具用；花可提取芳香油，也可供药用。

保护措施： 就地保护，加大宣传教育和保护力度，提高群众保护意识；加强人工繁育，扩大种群数量。

华椴 *Tilia chinensis* Maxim.

 མོ་ལྱམ་ཤིང་།

椴树科 Tiliaceae 椴属 *Tilia*

别名：亮绿叶椴、云南椴

形态特征： 落叶乔木，高达20米；嫩枝无毛，顶芽倒卵形，无毛；单叶互生，叶阔卵形，长5～10厘米，宽4～9厘米，先端急短尖，基部斜心形或近截形，上面无毛，下面被灰色星状茸毛，侧脉7～8对，边缘密具细锯齿；花两性，聚伞花序长4～7厘米，具花3朵；核果椭圆形，长约1.5厘米，有5条棱突，被黄褐色星状茸毛。花期6～7月，果期8～9月。

生境分布： 生于海拔2100～2500米山谷河道边。分布于迭部县、舟曲县。

致危分析： 在甘南林区沿河道分布较多，生长旺盛，但易受人为干扰和自然灾害威胁。

保护价值： 茎皮纤维坚韧，可代麻用；为珍贵用材树种，其木材是乐器、建筑、家具、器具等的优良用材，也是优良的蜜源植物；是高山林地更新、山地造林的生态及用材兼顾型树种。

保护措施： 就地保护，加强宣传教育，增强群众保护意识；加强人工繁育技术研究。

象蜡树 *Fraxinus platypoda* Oliv.

ཨར་སྐྱུ་ཨེར་དག

木樨科 Oleaceae　梣属 *Fraxinus*

形态特征： 落叶乔木，高10～20米；树皮灰褐色，纵裂；奇数羽状复叶，对生，长10～25厘米；叶轴圆柱形，上面具浅沟，密被黄色短柔毛或秃净，小叶着生处具关节；总叶柄长5～6厘米，基部囊状膨大，呈耳状半抱茎，叶缘具不明显细锯齿，上面深绿色，无毛，下面灰绿色；聚伞圆锥花序生于两年生枝上，长12～15厘米，有时基部具叶；两性花花萼钟状，长约1.5毫米；翅果长圆状椭圆形，扁平，长4～5厘米，宽7～10毫米，近中部最宽，两端钝或急尖，翅下延至坚果基部，坚果扁平。花期5～6月，果期7～8月。

生境分布： 生于海拔2200米山坡沟谷杂木林中。查阅文献记载及实地调查，仅在迭部县境内发现零星分布，稀少。

致危分析： 其天然下种更新能力弱，易受人为、自然灾害因素干扰，亟须保护。

保护价值： 甘南珍稀濒危树种。

保护措施： 就地保护，加强人工繁育研究，采种育苗，逐步扩大种群数量。

秦岭梣 *Fraxinus paxiana* Lingelsh.

ཆེན་ཕིང་ཨར་སྐྱུ།

木樨科 Oleaceae　梣属 *Fraxinus*
别名：秦岭白蜡树

形态特征： 落叶乔木，高达20米；树皮灰褐色；小枝灰褐色，光滑，具皮孔，节部膨大；奇数羽状复叶，对生，长25～35厘米；叶柄长5～10厘米，基部膨大，叶缘具钝锯齿，两面无毛或下面脉上被稀疏柔毛；花两性，圆锥花序顶生及侧生枝梢叶腋，大而疏松，长14～20厘米；花序梗短，长约2厘米，扁平而粗壮；翅果线状匙形，长2.5～3厘米，宽约4毫米，先端钝或微凹，翅扁而宽，下延至坚果中上部，坚果圆柱形，脉棱细直。花期5～6月，果期9月。

生境分布： 生于海拔1700～2500米阴湿山谷、山坡杂木林中。分布于舟曲县。

致危分析： 受自然环境影响，其天然更新不良，零星分布于舟曲县，数量稀少，亟须保护。

保护价值： 茎皮可供药用，清热燥湿，收敛止血；木材供制家具或建筑用材。

保护措施： 迁地保护，开展人工扩繁研究，逐步扩大种群数量；逐步在其适生区自然回归。

宿柱梣 *Fraxinus stylosa* Lingelsh.

ཨར་ཤིང་དཀར་སྐྱ།

木樨科 Oleaceae　梣属 *Fraxinus*

别名：宿柱白蜡树

形态特征：落叶小乔木，高约8米，枝稀疏；树皮灰褐色，纵裂；小枝淡黄色，挺直而平滑，节膨大，无毛，皮孔疏生而凸起；奇数羽状复叶，对生，长6～15厘米；花两性，圆锥花序侧生，长8～10厘米，分枝纤细，疏松；翅果倒披针状，长1～2.5厘米，宽2.5～3毫米，上中部最宽，先端急尖、钝圆或微凹，先端具宿存花柱，翅下延至坚果中部以上，坚果隆起。花期5～6月，果期9月。

生境分布：生于海拔1500～2500米山坡杂木林中。分布于舟曲县。

致危分析：本种分布稀少，未发现居群分布，自然更新繁育困难，亟须保护。

保护价值：我国特有野生植物；树皮可入药；木材供制家具或建筑用材。

保护措施：就地保护，加强繁育研究，加强保护，建立种群。

白蜡树 *Fraxinus chinensis* Roxb.

ཨར་ཤིང་ལོ་ཟ།

木樨科 Oleaceae　梣属 *Fraxinus*

别名：尖叶梣、白蜡杆、小叶白蜡、川梣、绒毛梣

形态特征：落叶乔木，高达15米；树皮灰褐色，纵裂；小枝灰褐色，粗糙，无毛，具皮孔小；奇数羽状复叶，对生，长12～20厘米；小叶5～9枚，硬纸质，椭圆形、倒卵状长圆形至披针形，长3～10厘米，宽2～4厘米；花单性，雌雄异株，圆锥花序顶生或侧生于当年生枝条上，长8～10厘米；翅果匙形，长3～4厘米，宽4～6毫米，上中部最宽，先端锐尖，常呈犁头状，基部渐狭，翅平展；种子1粒，坚果圆柱形，长约1.5厘米；宿存萼紧贴于坚果基部，常在一侧开口深裂。花期4～5月，果期8～9月。

生境分布：生于海拔1100～2300米山坡、沟谷杂木林中。分布于迭部县、舟曲县。

致危分析：在甘南多数分布于沟谷河道边，易受自然灾害威胁。

保护价值：木材可用于制造车辆、运动器械、家具、农具、工具柄；树皮也作药用，有生肌止血、定痛续筋等功效；白蜡树其枝叶繁茂，根系发达，植株萌发力强，速生耐湿，性耐瘠薄干旱，在轻度盐碱地也能生长，是防风固沙和护堤护路的优良树种。

保护措施：就地保护，加强宣传教育，提高群众保护意识；迁地保护，加大人工繁育机制研究，培育优质白蜡树苗木，逐步在其适生区回归自然。

流苏树　*Chionanthus retusus* Lindl. et Paxt.

ཇ་བོ་ཨར་སྡོང་།

木樨科 Oleaceae　流苏树属 *Chionanthus*

形态特征：落叶灌木或乔木，高3～8米；小枝灰褐色，圆柱形，开展；单叶对生，革质或薄革质，长圆形、椭圆形、卵形或倒卵形至倒卵状披针形，长3～10厘米，宽2～6厘米，先端圆钝，有时凹入或锐尖，基部圆或宽楔形至楔形，全缘或有小锯齿，叶缘稍反卷；羽状脉，中脉在上面凹入，下面凸起，侧脉3～5对；聚伞状圆锥花序，长3～12厘米，顶生于枝端，近无毛；苞片线形，长2～10毫米，疏被或密被柔毛；核果椭圆形，被白粉，长1～1.5厘米，径6～10毫米，熟时蓝黑色或黑色；种子1粒。花期4～5月，果期7～8月。

生境分布：生于海拔3000米以下的稀疏混交林中或灌丛中，或阳坡、沟谷杂木林中。分布于舟曲县。

致危分析：在甘南分布极少，分布区生境恶劣，种群小，自然更新能力弱。

保护价值：花洁白、美丽，可供观赏；花、嫩叶晒干可代茶，味香；果可榨芳香油；木材可制器具。列入《中国生物多样性红色名录——高等植物卷》——无危（LC）。

保护措施：就地保护现有种群，加强人工繁育研究，采种育苗，扩大种群数量。

北京丁香 *Syringa reticulata* subsp. *pekinensis* (Rupr.) P. S. Green & M. C. Chang

ཤེ་ཚང་ལི་ཤི

木樨科 Oleaceae　丁香属 *Syringa*

形态特征： 落叶大灌木或小乔木，高可达10米；树皮褐色或灰棕色，纵裂；小枝灰色、黄色至褐色，细长，向外开展，具显著皮孔；单叶对生，纸质，卵形至卵状披针形，长4～8厘米，宽2～5厘米，先端长渐尖、骤尖、短渐尖至锐尖，基部圆形、截形至近心形，全缘，两面常无毛，上面深绿色，下面灰绿色；羽状脉，侧脉平或略凸起；蒴果长椭圆形至披针形，长1.5～2.5厘米，先端锐尖至长渐尖，光滑，稀疏生皮孔，熟时2裂，淡黄褐色，每室具2粒种子。花期6～7月，果期8～10月。

生境分布： 生于海拔1100～2600米的山坡、山谷或沟边灌丛中或林缘。分布于夏河县、临潭县、卓尼县、迭部县、舟曲县。

致危分析： 在甘南分布广泛，花易受人为采摘，影响其正常结实繁衍。

保护价值： 木材坚硬，可制作农具、器具及细木工用材；花可提取芳香油；其花色优美，常栽培在佛教寺院，称为"菩提树"。

保护措施： 加强就地保护，加大宣传教育，提高群众保护意识。

香椿 *Toona sinensis* (A. Juss.) Roem.

ཁྲ་ཤིང་རྩི་ཞིམ།

楝科 Meliaceae　香椿属 *Toona*

别名：毛椿、椿芽、春甜树、春阳树、椿、毛椿

形态特征：落叶乔木；树皮粗糙，深褐色，片状脱落；偶数羽状复叶，具长柄，长30～50厘米或更长；小叶16～20枚，对生或近对生，纸质，卵状披针形或卵状长椭圆形，长9～15厘米，宽2.5～4厘米，先端尾尖，基部一侧圆形，另一侧楔形，不对称，边全缘或有疏离的小锯齿，两面均无毛；圆锥花序，被稀疏的锈色短柔毛或有时近无毛，小聚伞花序，生于短的小枝上，多花；蒴果狭椭圆形，长2～3.5厘米，深褐色，有小而苍白色的皮孔，果瓣薄；种子基部通常钝，上端有膜质的长翅，下端无翅。花期6～8月，果期10～12月。

生境分布：生于海拔1200～2000米山地杂木林或疏林中。分布于迭部县、舟曲县。

致危分析：香椿幼芽嫩叶芳香可口，在幼芽嫩叶之季，群众采摘蔬食，严重威胁其生长发育，目前香椿种群面积在不断缩减。

保护价值：香椿原产于我国，幼芽嫩叶芳香可口，供蔬食；木材黄褐色而具红色环带，纹理美丽，质坚硬，有光泽，耐腐力强，易施工，为家具、室内装饰品及造船的优良木材；根皮及果入药，有收敛止血、去湿止痛之功效。

保护措施：就地保护，加大宣传教育和管理力度，树立群众保护意识；采用育苗和分株繁殖技术，积极探索适合甘南气候生长的育苗技术，扩大种群数量。

双盾木 *Dipelta floribunda* Maxim.

ཞི་མེར།

忍冬科 Caprifoliaceae　双盾木属 *Dipelta*

形态特征： 落叶灌木，高达6米；树皮剥落；幼枝密被短柔毛，后变光滑。单叶对生，纸质，卵状披针形或卵圆形，长4～10厘米，宽1.5～6厘米，先端渐尖或锐尖，基部宽楔形或近圆形，全缘，或先端疏生2～3对浅齿，上面深绿色，初时被柔毛，后变光滑无毛，下面灰白色；羽状脉；花两性，4～6朵簇生于侧生短枝先端叶腋，呈聚伞花序；核果肉质，长椭圆形，外被宿存增大的苞片和小苞片。花期5～7月，果期8～9月。

生境分布： 散生于海拔1800～2100米的杂木林下或灌丛中。分布于迭部县、舟曲县。

致危分析： 双盾木种群极小，自然繁衍受一定制约，也受到森林抚育干扰。

保护价值： 甘南稀有濒危植物，花美丽，可供观赏。

保护措施： 就地保护，加大宣传教育和管理力度，严谨采摘，开展繁育研究，扩繁种群。

优美双盾木 *Dipelta elegans* Batalin

 རབ་མཛེས་ཁྱི་ཤིང་།

忍冬科 Caprifoliaceae 双盾木属 *Dipelta*

形态特征： 落叶灌木，高达2～3.5米；幼枝无毛或疏被微毛，老枝表皮灰黑色；单叶对生，纸质，椭圆形，长5～10厘米，宽2～5厘米，先端渐尖或锐尖，基部楔形，全缘或上半部有浅而疏的齿牙，具缘毛，上面疏生短糙毛，下面沿脉疏生柔毛；花两性，单生或由4朵花组成伞房状聚伞花序，生于枝端部叶腋；核果肉质，长圆状倒卵形，宿存于果实的盾形苞片特大，直径达3～4厘米。花期5～6月，果期7～11月。

生境分布： 多生于海拔1800～2100米山坡杂木林下。零星或散生于舟曲县，分布稀少。

致危分析： 在甘南分布稀少，生长于林缘杂木林中，易受到人为采樵影响。

保护价值： 模式标本采集于甘肃省甘南州舟曲县武坪乡，稀有树种，花大而美丽，可供观赏。

保护措施： 就地保护，加大宣传教育和管理力度，严禁采摘，开展繁育研究，扩繁种群，拓展适生区。

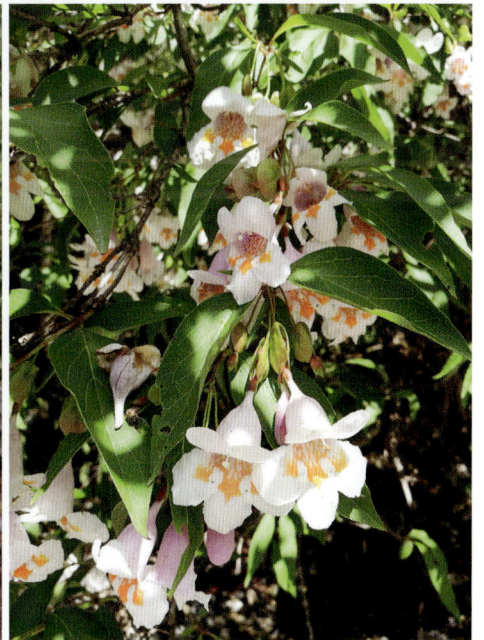

南方六道木 *Zabelia dielsii* (Graebn.) Makino

ༀ་ཆགས་ཁེ་ནེར།

忍冬科 Caprifoliaceae   六道木属 *Abelia*
别名：太白六道木、伞花六道木

形态特征：落叶灌木，高2～3米；枝开展，幼枝红褐色，被倒向刺刚毛或无毛，老枝灰白色，具明显纵棱；单叶对生，叶形变化大，卵状披针形、倒卵形或椭圆形，长3～5厘米，宽0.5～3厘米，顶端急尖或渐尖，基部楔形、宽楔形或钝圆，全缘或中部以上具疏齿牙，具缘毛，上面疏生柔毛，下面基部被白色硬毛；花两性，2朵并生于总花梗上，组成二歧复聚伞花序，生于侧枝顶端叶腋；瘦果状核果，长圆形，长1～1.5厘米，先端具4枚宿存萼裂片；种子圆柱状。花期5～6月，果期7～9月。

生境分布：多生于海拔1400～2700米山坡灌木林中或落叶阔叶林下、岩峰中。分布于临潭县、卓尼县、迭部县、舟曲县。

致危分析：材质硬，生长缓慢，自身繁衍能力弱，且易受人为干扰。

保护价值：果实可入药，有祛风湿功效，主治风湿痹痛的症状；是较为珍贵的观赏性花灌木，可作为园中配植，更为可贵的是即使白花凋谢，红色的花萼还可宿存至冬季，具有较高的观赏价值。

保护措施：就地保护，加强宣传教育，提高保护意识；迁地保护，积极探索人工驯化繁殖，扩大种群数量，在其适生区逐步自然回归。

甘肃荚蒾　*Viburnum kansuense* Batalin

ཀན་སུའུ་ཆེ་རིང་།

忍冬科 Caprifoliaceae　荚蒾属 *Viburnum*

形态特征： 落叶灌木，高达0.5～1米；茎细长，直立或者斜展；当年小枝稍四棱形，无毛，二年生小枝灰色或灰褐色，近圆柱形，散生小皮孔；单叶对生，纸质，宽卵形或长圆状卵形或倒卵形，长3～6厘米，宽2～5厘米，3～5深裂，顶生裂片较长，先端渐尖或急尖，基部平截，近心形或宽楔形，裂片边缘具不规则粗锯齿，齿端微突尖，上面疏生短柔毛，下面沿脉及脉腋被柔毛；花两性，整齐，复伞形花序具多花，直径2～4厘米；核果，椭圆形或近圆形，长8～12毫米，直径7～8毫米，熟时红色；核扁，椭圆形，长7～9毫米，直径约5毫米，有2条浅背沟和3条浅腹沟。

花期6～7月，果期8～9月。

生境分布： 多生于海拔2000～3500米山坡针叶林下或灌丛中。分布于迭部县、舟曲县。

致危分析： 甘肃荚蒾种质资源极少，天然更新受生境变化和地质灾害的影响较大，已处于极度濒危状态。

保护价值： 模式标本采集于甘肃省甘南州舟曲县武坪乡，甘肃特有，茎皮纤维可制绳索及造纸。列入《世界自然保护联盟红色名录》（IUCN）——易危（VU）。

保护措施： 就地保护，加强对其生境保护，开展繁育，提高种群数量。

互叶醉鱼草 *Buddleja alternifolia* Maxim.

ཉ་དུབ་སློལ་ལོ་མ།

马钱科 Loganiaceae　醉鱼草属 *Buddleja*

形态特征： 落叶灌木，高1～3米；小枝淡褐色，细弱，开展，稍圆柱状，多呈弧状弯垂，一年生枝被短柔毛，后脱落无毛，老枝灰白色，茎皮呈纤维状剥落；单叶互生，纸质，条状披针形，长3～6厘米，宽5～10毫米，顶端急尖或钝圆，基部楔形，全缘，上面深绿色，常无毛，下面密被灰白色星状短茸毛；花两性，具短梗；多花组成球形或长圆形聚伞圆锥状花序，花序较短，长1～3（7）厘米，常侧生于二年生的枝条上；蒴果长圆形，长约4毫米，直径约2毫米，光滑无毛，基部具宿存花萼；种子多数，细小，具短翅。花期5～7月，果期8～9月。

生境分布： 多生于海拔1400～2600米河谷两岸及干旱上坡上。分布于夏河、临潭、卓尼、迭部、舟曲等县。

致危分析： 多分布于干热河谷地带，容易受到水土流失以及病虫害威胁。

保护价值： 我国特产树种，可作为河谷地带水土保持树种及园林观赏植物，可入药，花、叶可作杀虫剂。

保护措施： 就地保护，加强宣传教育，引导群众积极参与保护；加强病虫害防治及人工培育繁殖研究。

皱叶醉鱼草 *Buddleja crispa* Benth.

ཤ་དུག་གཞེར་ལོ་མ།

马钱科 Loganiaceae 醉鱼草属 *Buddleja*

别名：莸叶醉鱼草、戟叶醉鱼草、簇花醉鱼草

形态特征：落叶灌木，高0.5～1.5（3）米；小枝黄褐色，粗壮，钝四棱形，幼时密被黄褐色厚茸毛，后渐脱落，老枝灰白色或灰褐色；单叶对生，厚纸质，卵形或长圆形，长4～15厘米，宽3～6厘米，先端钝尖至渐尖，基部宽楔形、截形或心形，边缘具不规则波状锯齿，有时幼叶全缘，上面绿色或灰绿色，下面黄白色至黄褐色，两面均被茸毛，下面较密；花两性，花梗粗短或近无梗，圆锥状或穗状聚伞花序，密被茸毛，常侧生于上年生枝上，稀顶生；蒴果长卵形，长4～7毫米，直径约5毫米，被星状毛，熟时2瓣裂，基部常有宿存花萼及花冠；种子多数，细小，具短翅。花期4～5月，果期6～7月。

生境分布：多生于海拔1100～2200米干热河谷两岸及干燥阳坡上，喜阳光，耐干旱瘠薄。分布于迭部县、舟曲县。

致危分析：多生于干热河谷地带和干燥阳坡上，受到水土流失的威胁比较大。

保护价值：分布于甘南白龙江流域干热河谷地带，在水土保持方面有特殊作用；皱叶醉鱼草味甘、性温，药用有止血、补肾的功能；花、叶可制芳香油。

保护措施：就地保护，加强生物学繁育研究，结合种子和扦插繁殖，迁地保护。

三、甘南特有树种

迭部铁线莲 *Clematis diebuensis* W. T. Wang

ཞེ་བོའི་དབྱི་མོང་།

毛茛科 Ranunculaceae 铁线莲属 *Clematis*

形态特征： 半灌木状藤本；一年生枝草质，光滑，有明显的棱；三出复叶，对生；小叶薄纸质，三角状卵形，长1～2.2厘米，宽1.7～3.2厘米，3裂至基部或近基部，中裂片长椭圆形或椭圆状卵形，边缘有锯齿或近全缘，侧生裂片较小，窄卵形，小叶两面微背柔毛或近无毛；叶柄细，长2～3.2厘米；1～2花，宽钟状，腋生，直接2.2～2.5厘米；花梗纤细，长3.2～5.5厘米；瘦果倒卵形，长约4毫米，宿存花柱长1～1.5厘米。花期6月，果期8月。

生境分布： 多生于海拔2500～3000米石崖、陡坡灌丛下及林缘，分布于迭部县。

致危分析： 由于天然更新能力较弱，加之环境变化影响，其野生种质分布呈减少趋势。

保护价值： 模式标本采集于甘肃省甘南州迭部县电尕镇，甘南特有种。

保护措施： 就地保护，对现有分布的植株和原生生境加以保护；采取人工繁育措施，扩繁种群数量。

迭部栒子　*Cotoneaster svenhedinii* J. Fryer & B. Hylmö

ཤེ་བོའི་རུ་འབྲུམ།

蔷薇科 Rosaceae　栒子属 *Cotoneaster*

形态特征： 落叶灌木，高1~3米；小枝纤细，棕红色至灰褐色，幼时密被平铺柔毛，逐渐脱落；单叶互生，卵形至长圆卵形，长2~3.5厘米，宽1~2厘米，先端圆钝或急尖，基部圆形，全缘，上面无毛或微具柔毛，叶脉下陷，下面密被白色茸毛；叶柄长2~3毫米，被白色茸毛；花2~7朵组成聚伞花序，总花梗和花梗稍具柔毛，花梗长5~10毫米；梨果倒卵形，直径约5毫米，红色，常具2小核。花期5~6月，果期8~9月。

生境分布： 多生于海拔1900~2800米山坡陡崖、石崖或河滩地。分布于迭部县。

致危分析： 由于自然环境变化，对其自身繁衍受到一定的影响。

保护价值： 模式标本采集于甘肃省甘南州迭部县旺藏乡，甘南特有种。

保护措施： 采取就地保护措施，保护好现有野生种质和原生生境，促进天然更新。

甘南杜鹃 *Rhododendron gannanense* Z. C. Feng & X. G. Sun

གན་ལྦོའི་ས་ནི།

杜鹃花科 Ericaceae　杜鹃属 *Rhododendron*

形态特征：常绿灌木或小乔木，高2～5米；树皮暗灰色至灰黑色；当年生枝褐色至红褐色，幼枝被短柔毛，后变无毛；单叶互生，常集生于枝端呈簇生状，革质，长椭圆形或长圆形，长6.5～12厘米，宽2.5～4.5厘米，先端钝圆，具短突尖，基部圆形或长圆形，全缘，微反卷，上面绿色，幼时疏被短柔毛，成叶无毛，下面淡绿色，密被薄层绣黄色簇毛和卷毛；羽状脉，中脉在上面微凹，在下面凸起，侧脉9～18对；叶柄粗壮，长1～2厘米，无毛，带紫红色，上面具浅沟槽；蒴果圆柱形，长1.0～1.5厘米，光滑无毛，熟时5瓣裂；种子多数。花期5～7月，果期9～10月。

生境分布：生于海拔2800～3000米冷杉林下或林缘。分布于舟曲县、迭部县。

致危分析：分布范围狭窄，受人为活动干扰，天然更新不良。

保护价值：模式标本采集于甘肃省甘南州舟曲县武坪乡，甘南特有树种。

保护措施：采取就地保护措施，注重对现存甘南杜鹃及原生生境进行保护，防止人为干扰；加强宣传教育，提高群众保护意识；加强甘南杜鹃引种驯化及繁育技术研究。

参考文献

冯自诚, 徐梦龙, 孙学刚, 等. 甘南树木图志[M]. 兰州: 甘肃科学技术出版社, 1994.

傅立国. 中国植物红皮书[M]. 北京: 科学出版社, 1991.

中国科学院中国植物志编辑委员会. 中国植物志[M]. 北京: 科学出版社, 2004.

中文名索引

拉丁名索引